中等职业学校机械类专业通用教材
技工院校机械类专业通用教材（中级技能层级）

AutoCAD 上机实训图集（第三版）

崔兆华　主编

中国劳动社会保障出版社

简介

本书主要内容包括绘制简单平面图、绘制复杂平面图、绘制三视图、绘制轴测图、绘制剖视图、标注、绘制零件图、绘制装配图、绘制三维实体等。

本书由崔兆华任主编，崔人凤、邵明玲、刘斌参加编写，果连成任主审。

图书在版编目（CIP）数据

AutoCAD 上机实训图集 / 崔兆华主编 . -- 3 版 . 北京 : 中国劳动社会保障出版社，2024. --（中等职业学校机械类专业通用教材）（技工院校机械类专业通用教材 : 中级技能层级）. -- ISBN 978-7-5167-6704-7

Ⅰ. TP391. 72

中国国家版本馆 CIP 数据核字第 2024PQ4894 号

中国劳动社会保障出版社出版发行

（北京市惠新东街 1 号　邮政编码：100029）

*

北京市艺辉印刷有限公司印刷装订　新华书店经销

787 毫米 ×1092 毫米　16 开本　8.25 印张　169 千字

2024 年 11 月第 3 版　2025 年 12 月第 3 次印刷

定价：22.00 元

营销中心电话：400-606-6496

出版社网址：https://www.class.com.cn

https://jg.class.com.cn

目　录

第一章　绘制简单平面图

1-1　根据给定条件绘制图形（一）

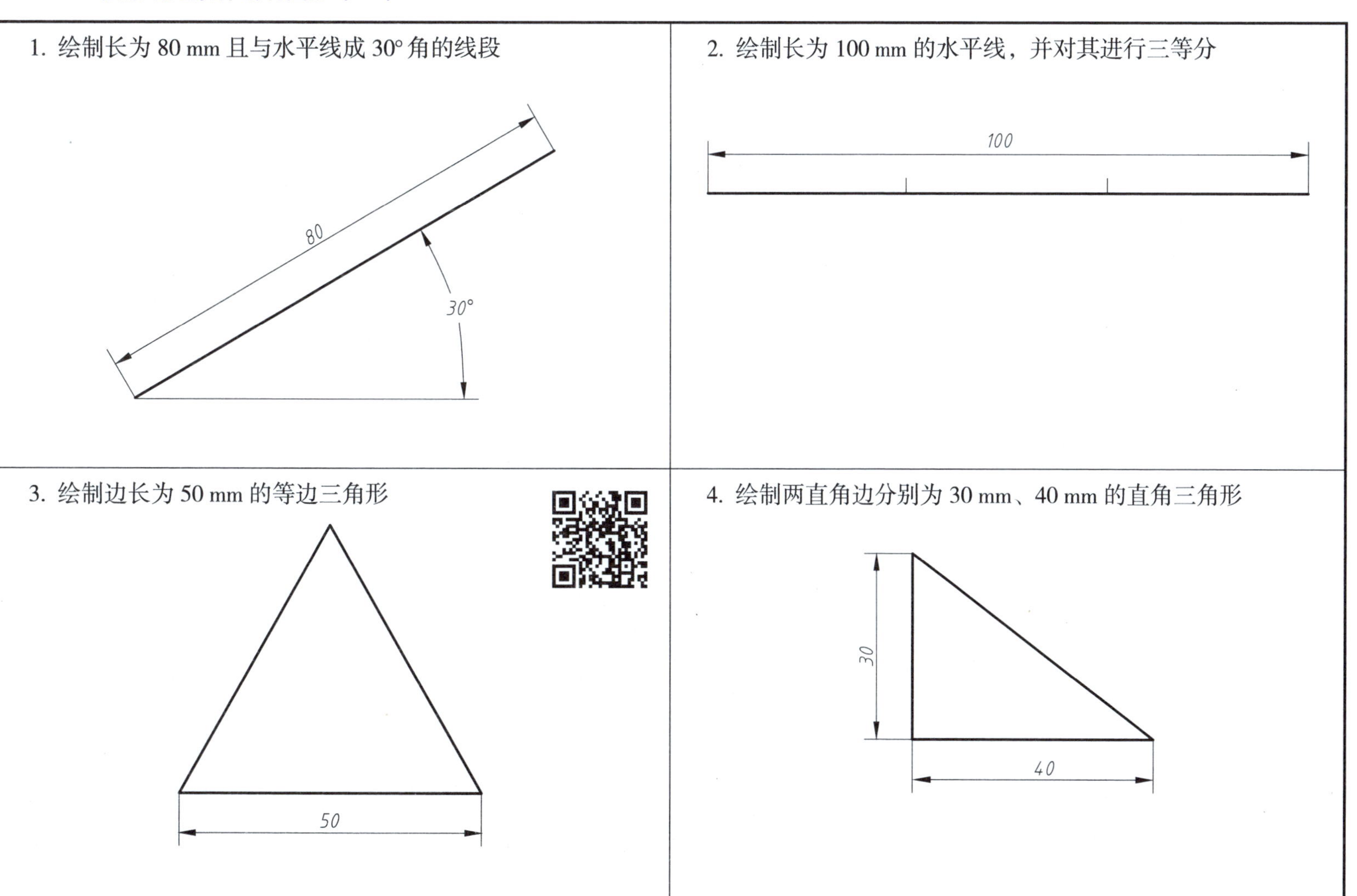

1–2 根据给定条件绘制图形（二）

1. 绘制边长为 50 mm 的正方形及其内接圆

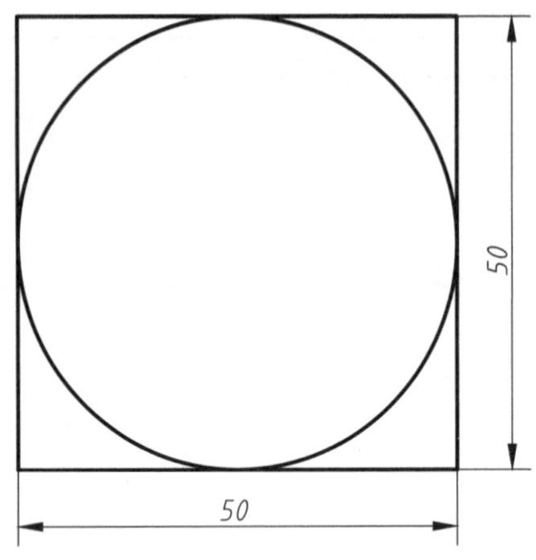

2. 绘制 ϕ50 mm 的圆及其内接正五边形

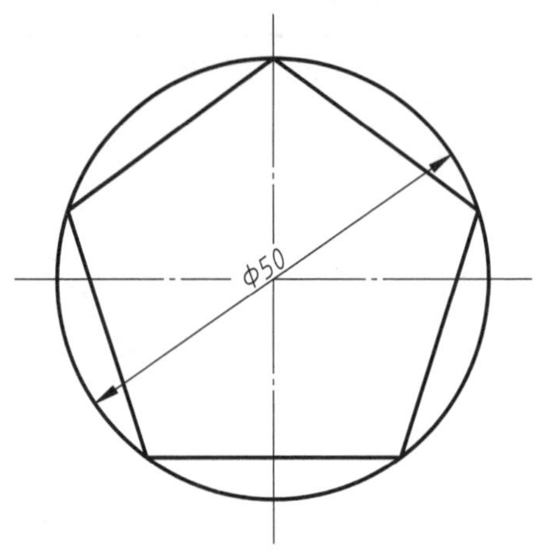

3. 绘制内切圆直径为 40 mm 的正五边形

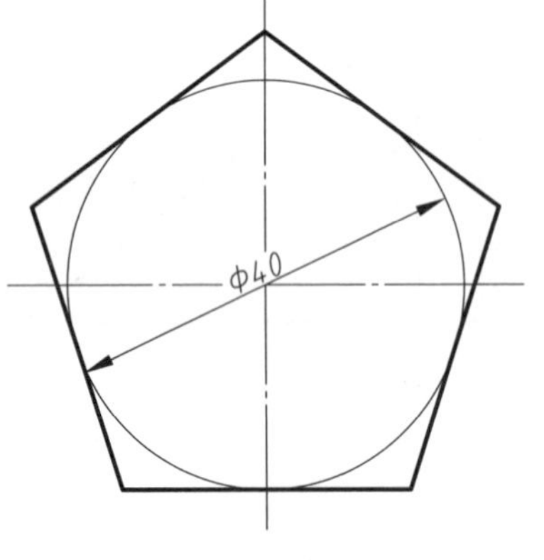

4. 绘制 60 mm × 40 mm 的矩形

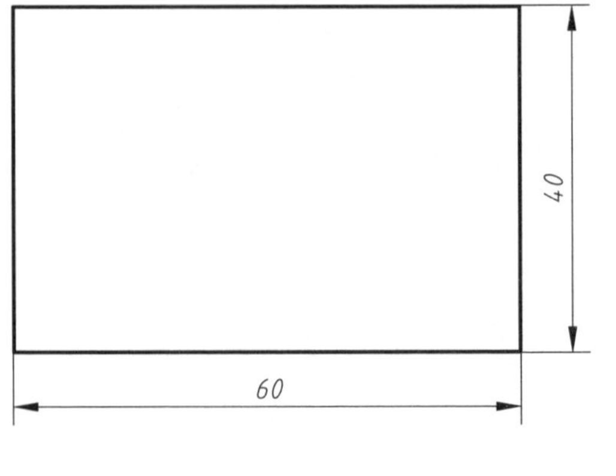

 班级 姓名 学号

1–3 根据给定条件绘制图形（三）

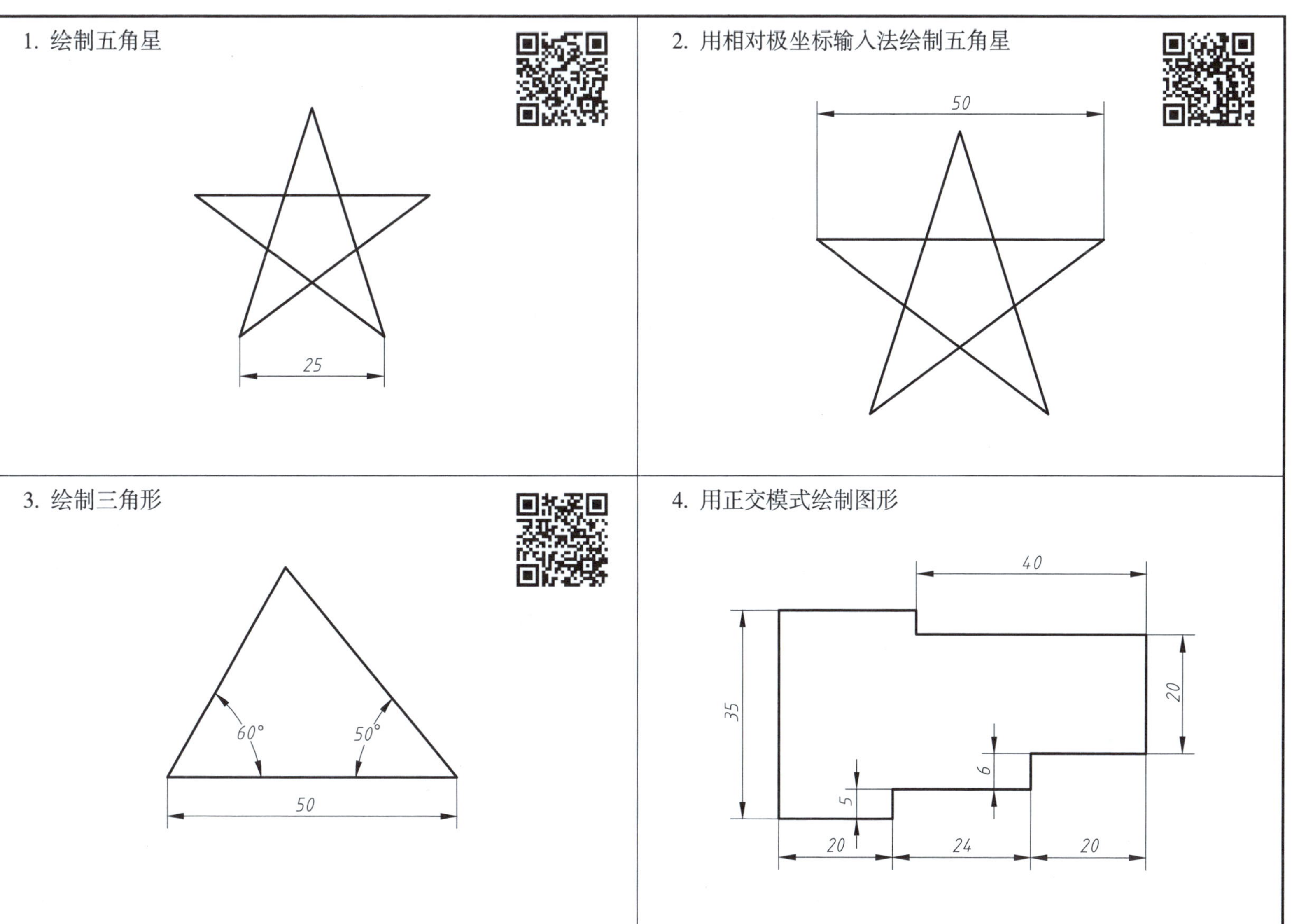

1-4 根据给定条件绘制图形（四）

1. 用坐标输入法绘制图形

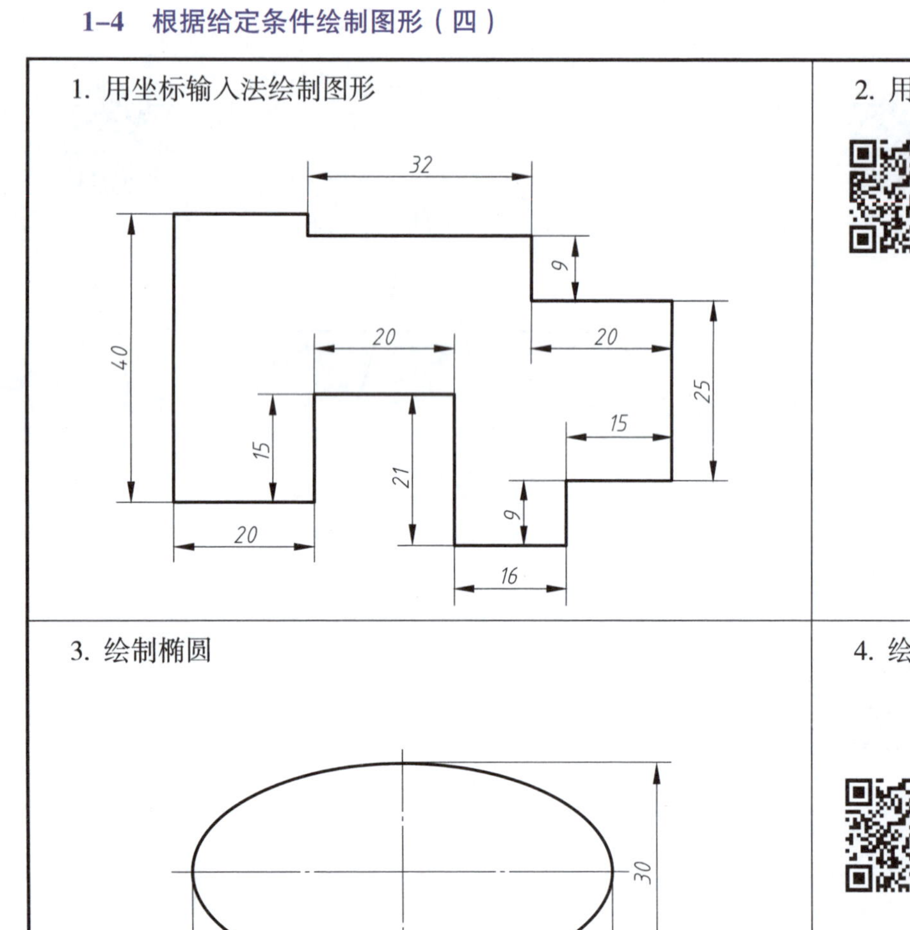

2. 用相对坐标输入法绘制图形

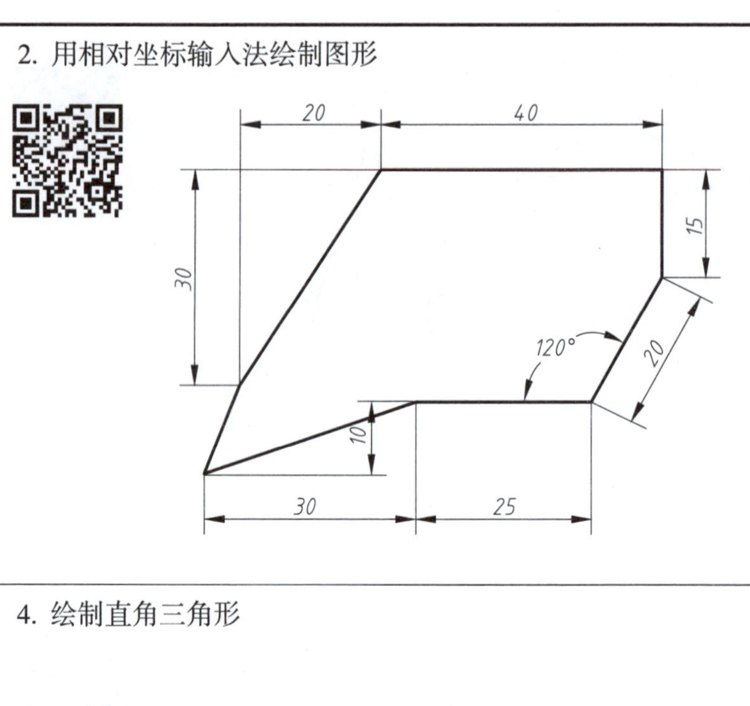

3. 绘制椭圆

4. 绘制直角三角形

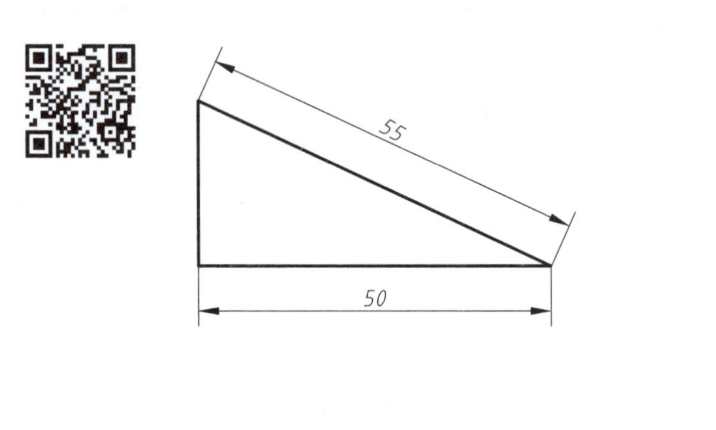

1–5　根据给定条件绘制图形（五）

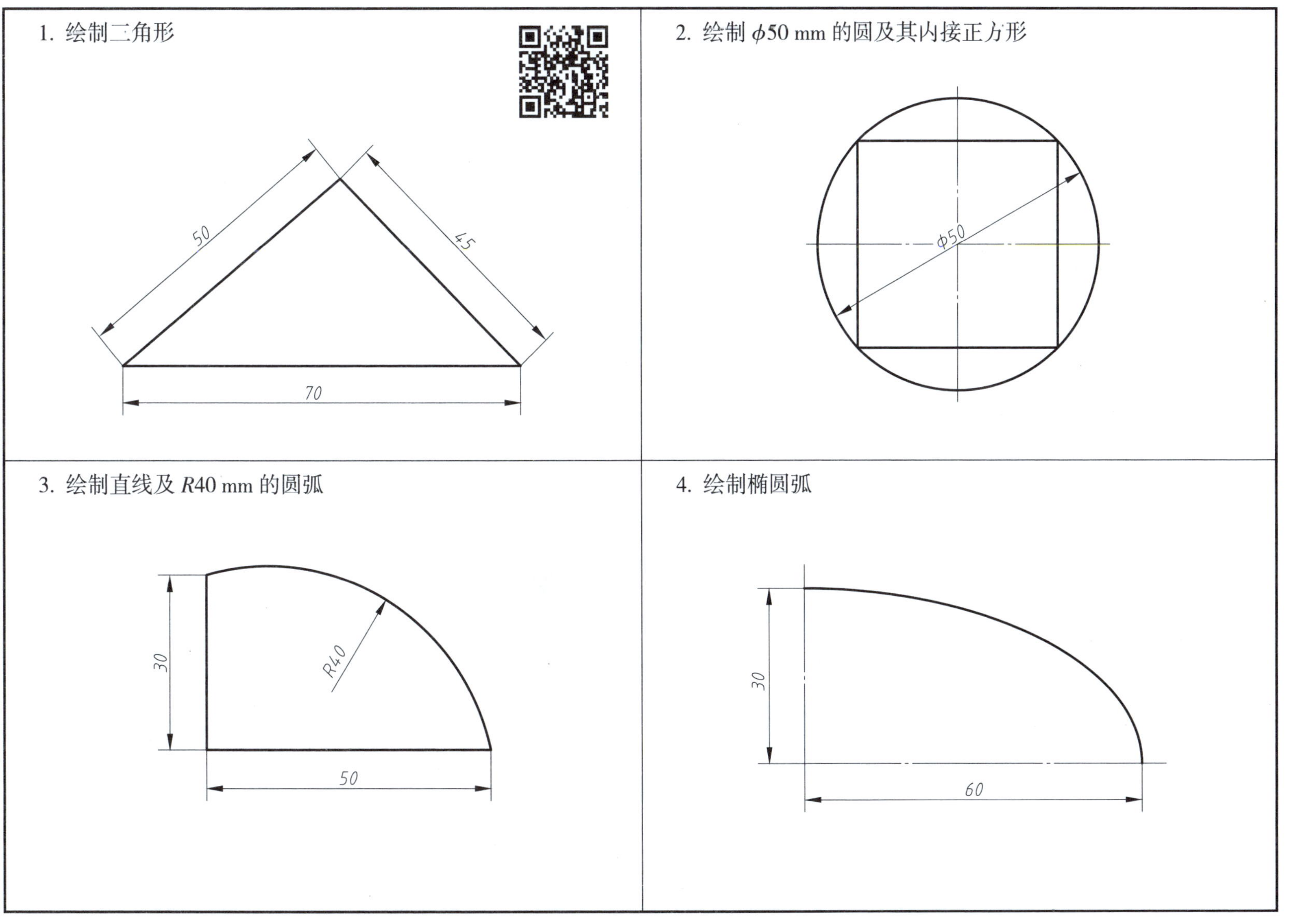

1-6　根据所给尺寸绘制图形（一）

1.

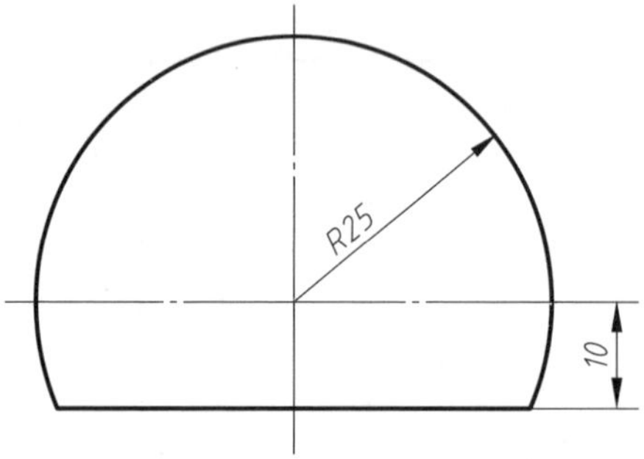

2.

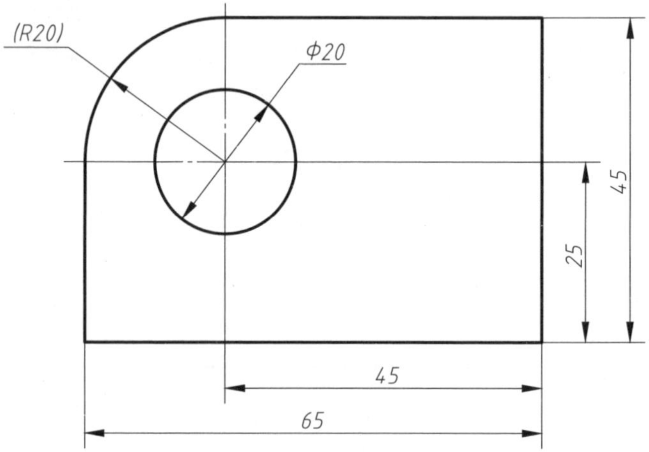

3.

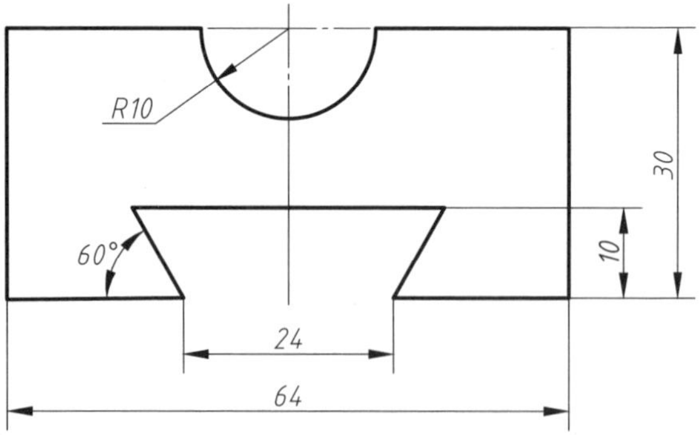

4.

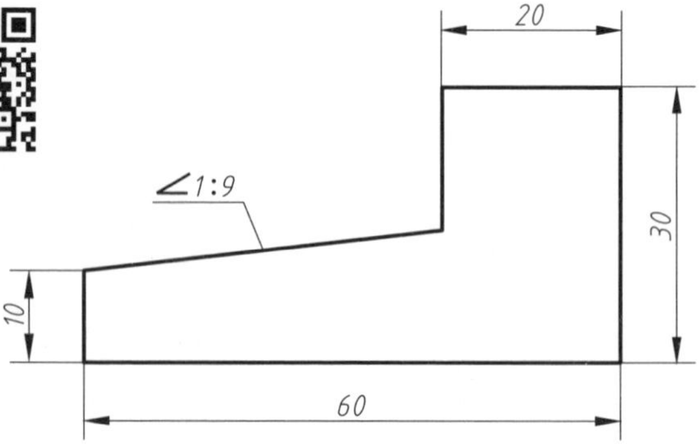

　　班级　　姓名　　学号

1-7 根据所给尺寸绘制图形（二）

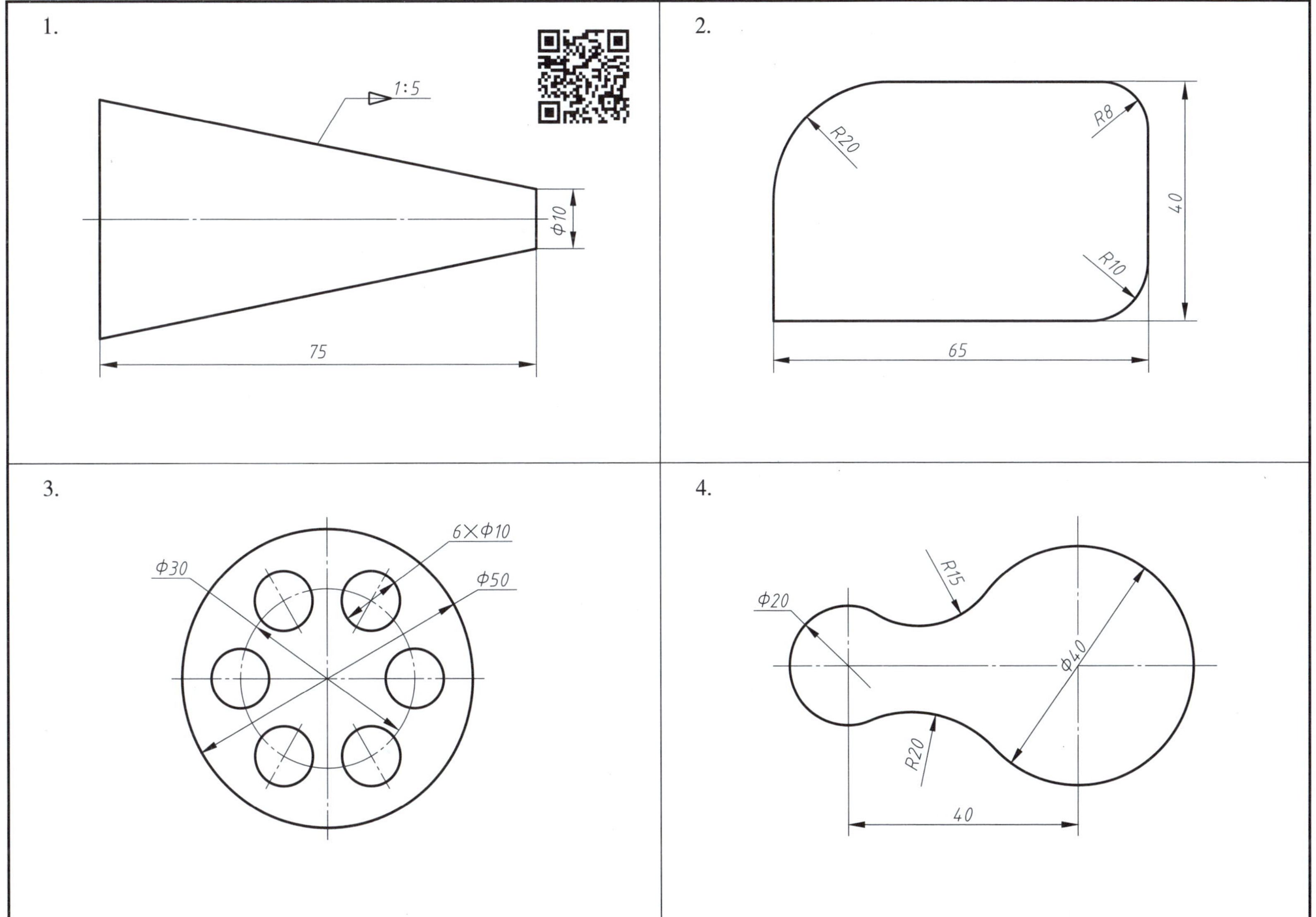

1-8 根据所给尺寸绘制图形（三）

1.

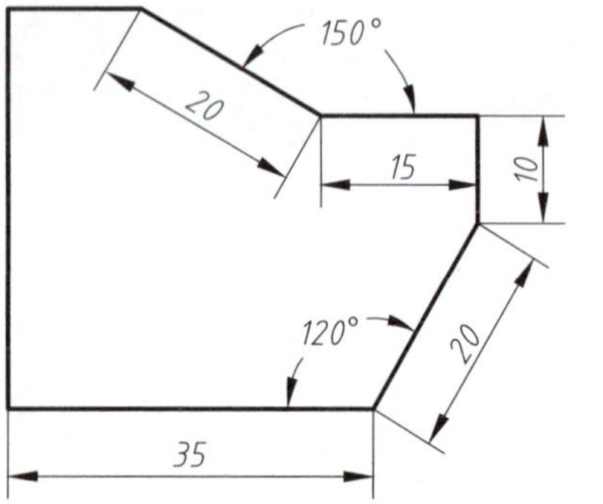

150°
20
15
10
120°
20
35

2.

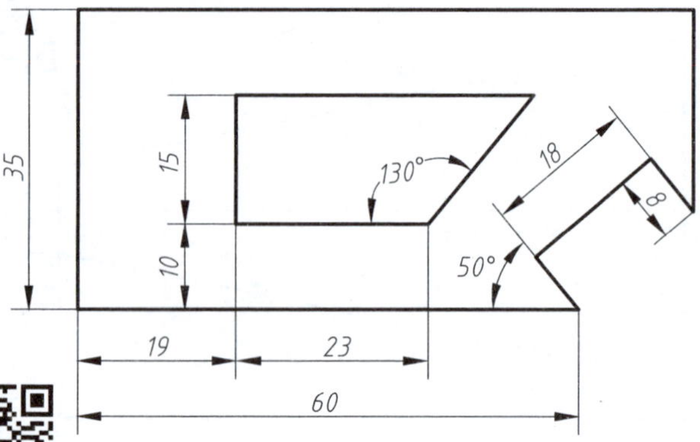

35
15
10
130°
18
8
50°
19
23
60

3.

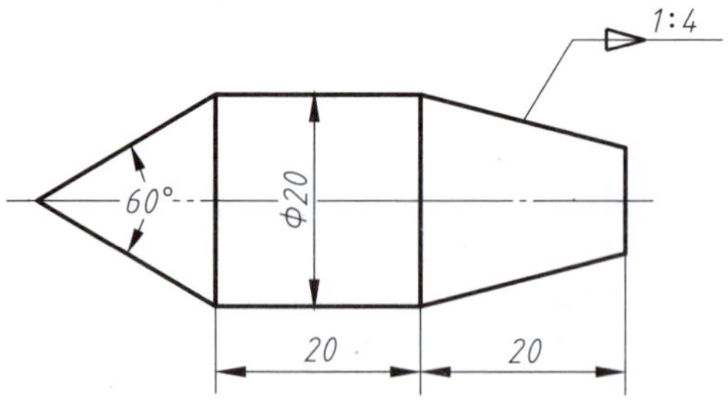

1:4
60°
$\phi 20$
20
20

4.

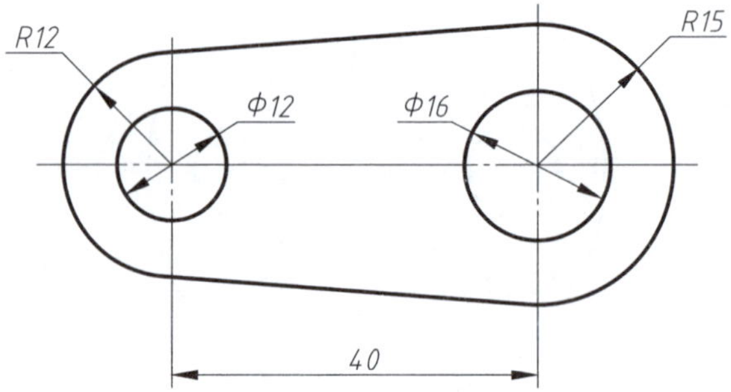

R12
$\phi 12$
$\phi 16$
R15
40

班级　　姓名　　学号

1-9 根据所给尺寸绘制图形（四）

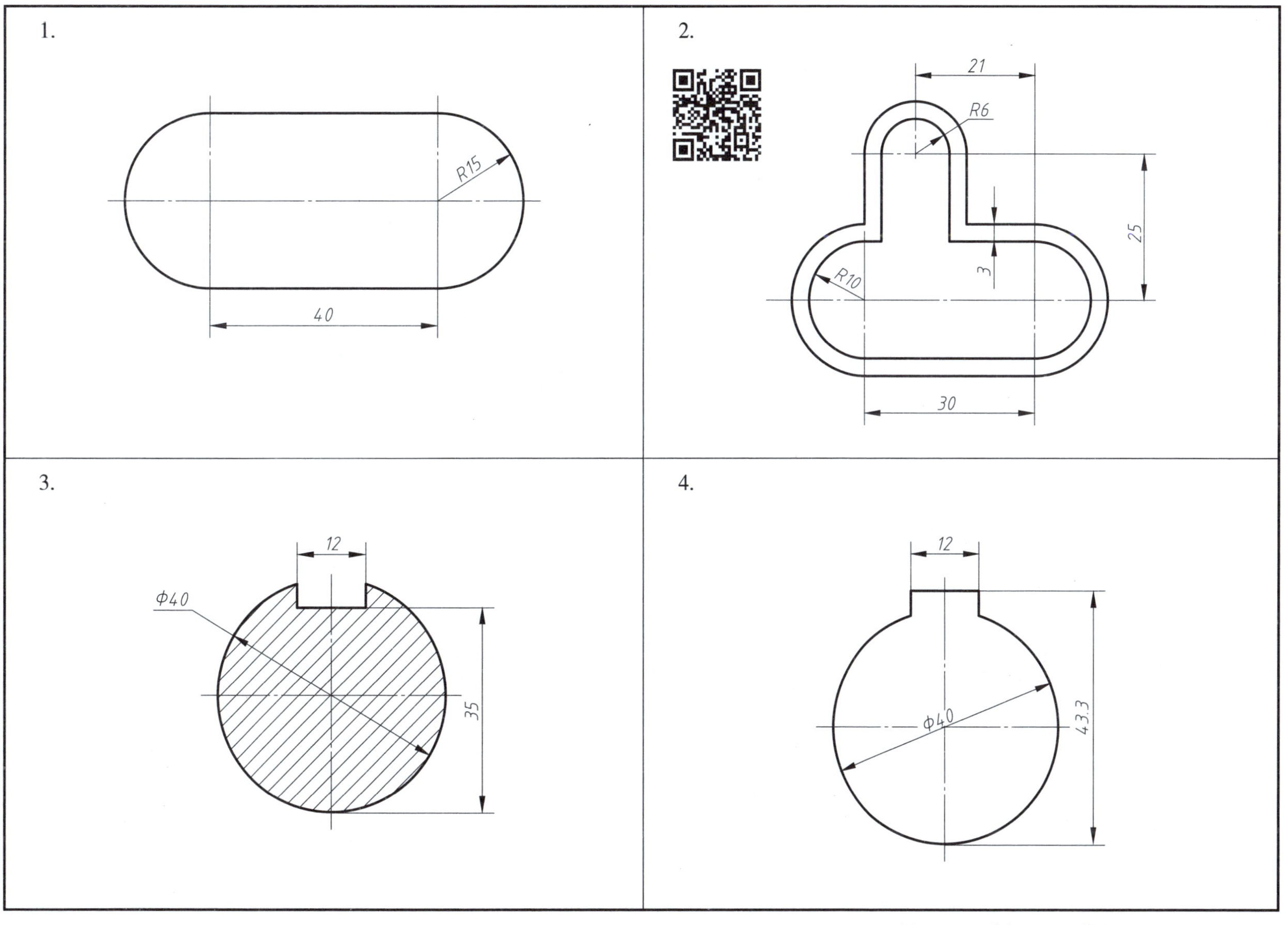

1–10 根据所给尺寸绘制图形（五）

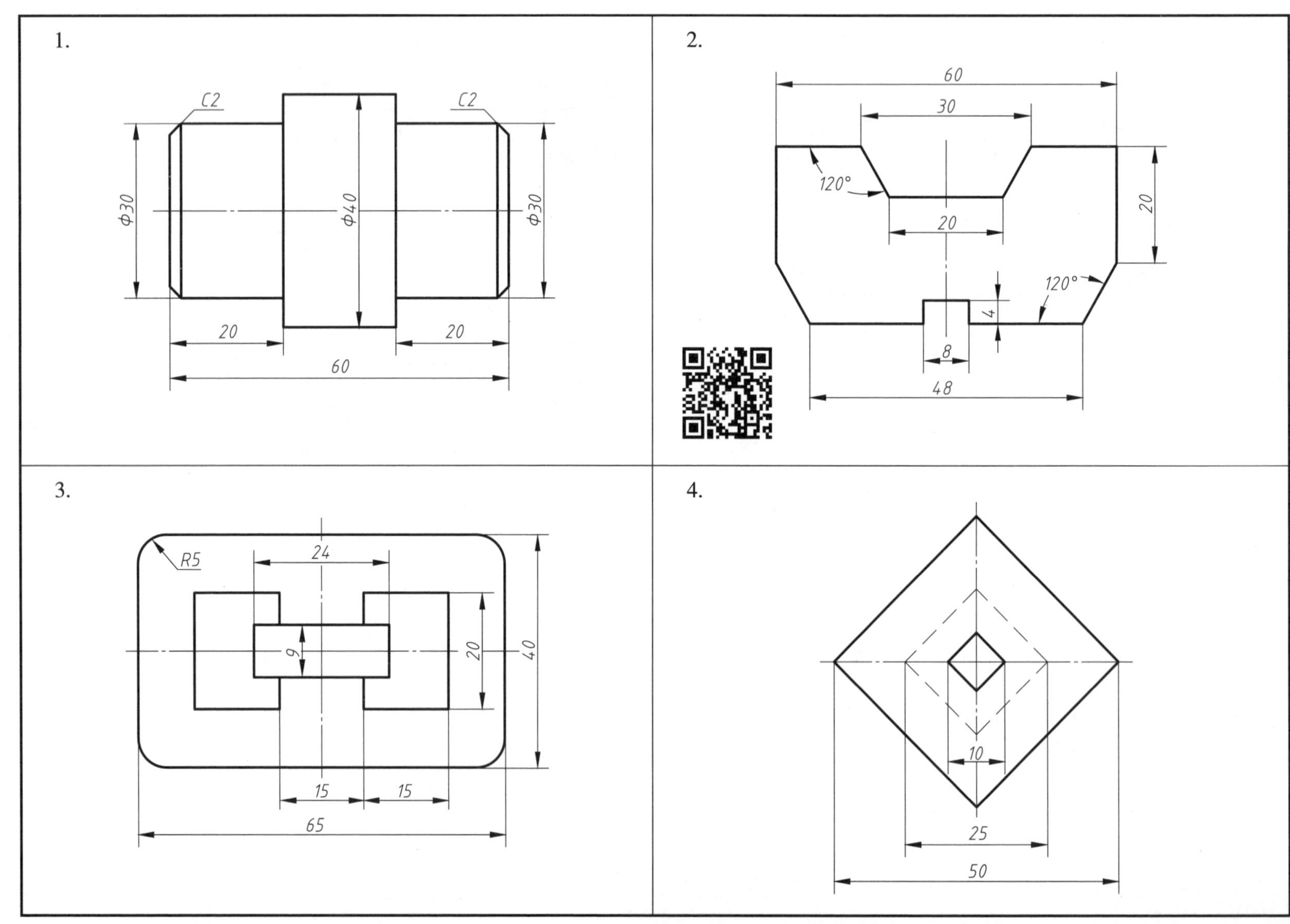

 班级 姓名 学号

1-11　根据所给尺寸绘制图形（六）

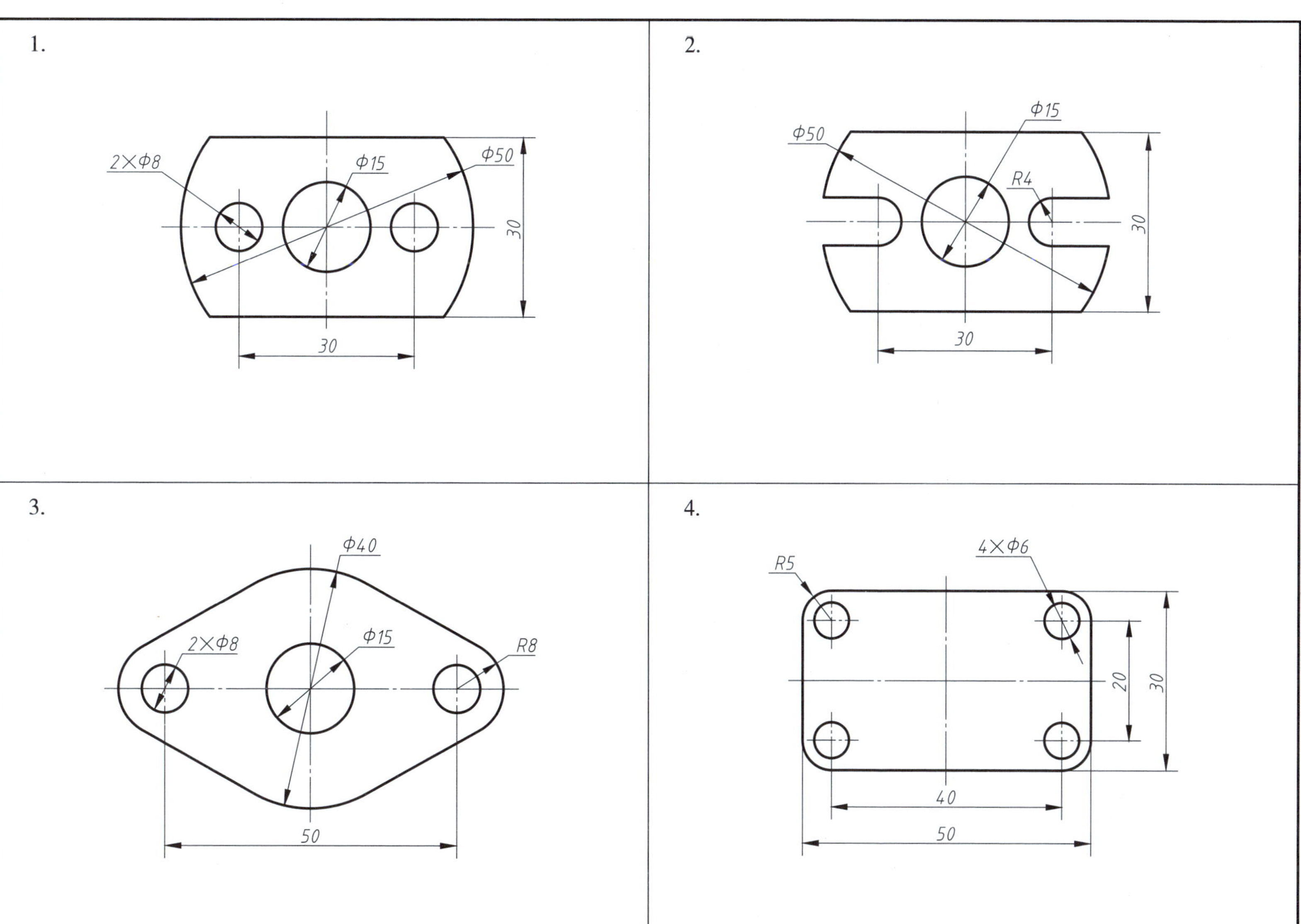

1–12　根据所给尺寸绘制图形（七）

1.

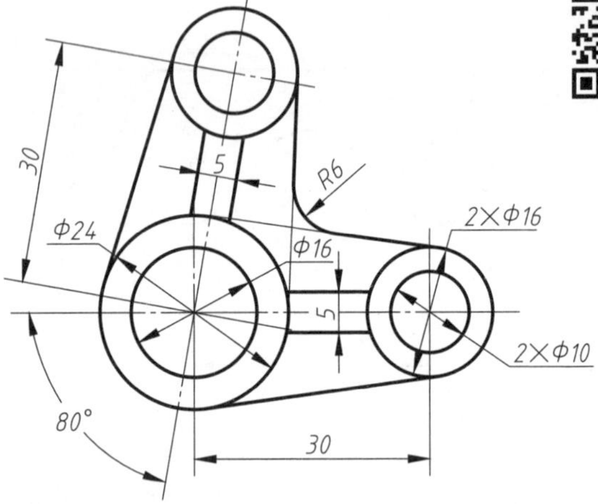

30
5
R6
Φ24
2×Φ16
Φ16
5
2×Φ10
80°
30

2.

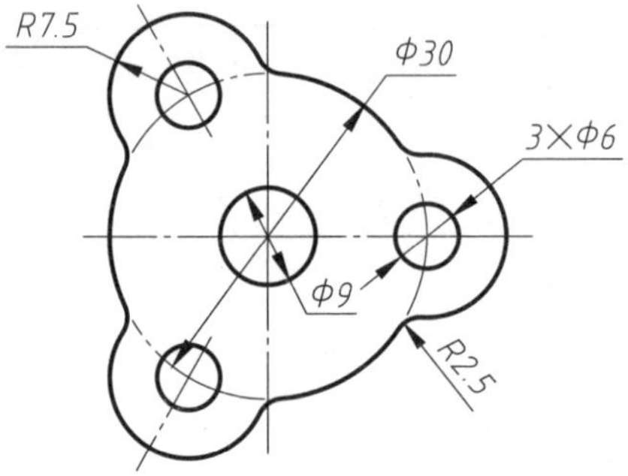

R7.5
Φ30
3×Φ6
Φ9
R2.5

3.

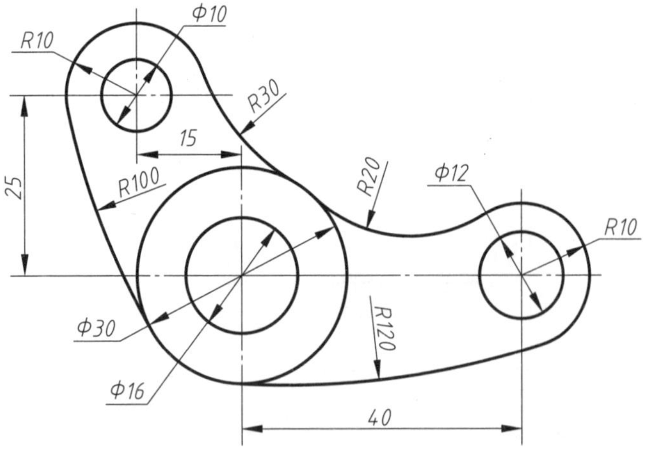

R10
Φ10
R30
15
25
R100
R20
Φ12
R10
R120
Φ30
Φ16
40

4.

R12
R5
40
R15
45°
Φ12
Φ24
60

　　班级　　姓名　　学号

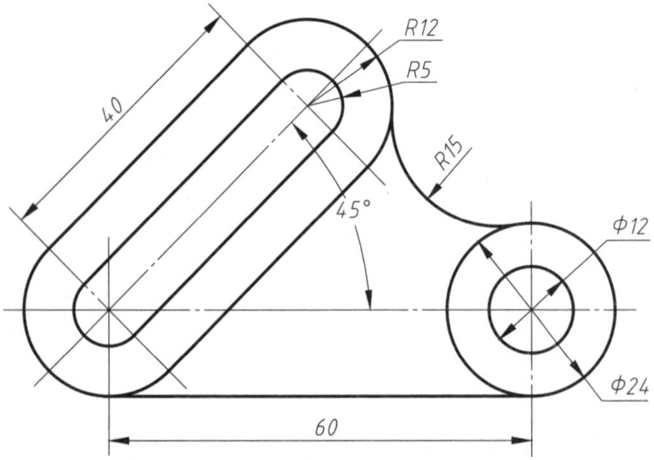

1-13 根据所给尺寸绘制图形（八）

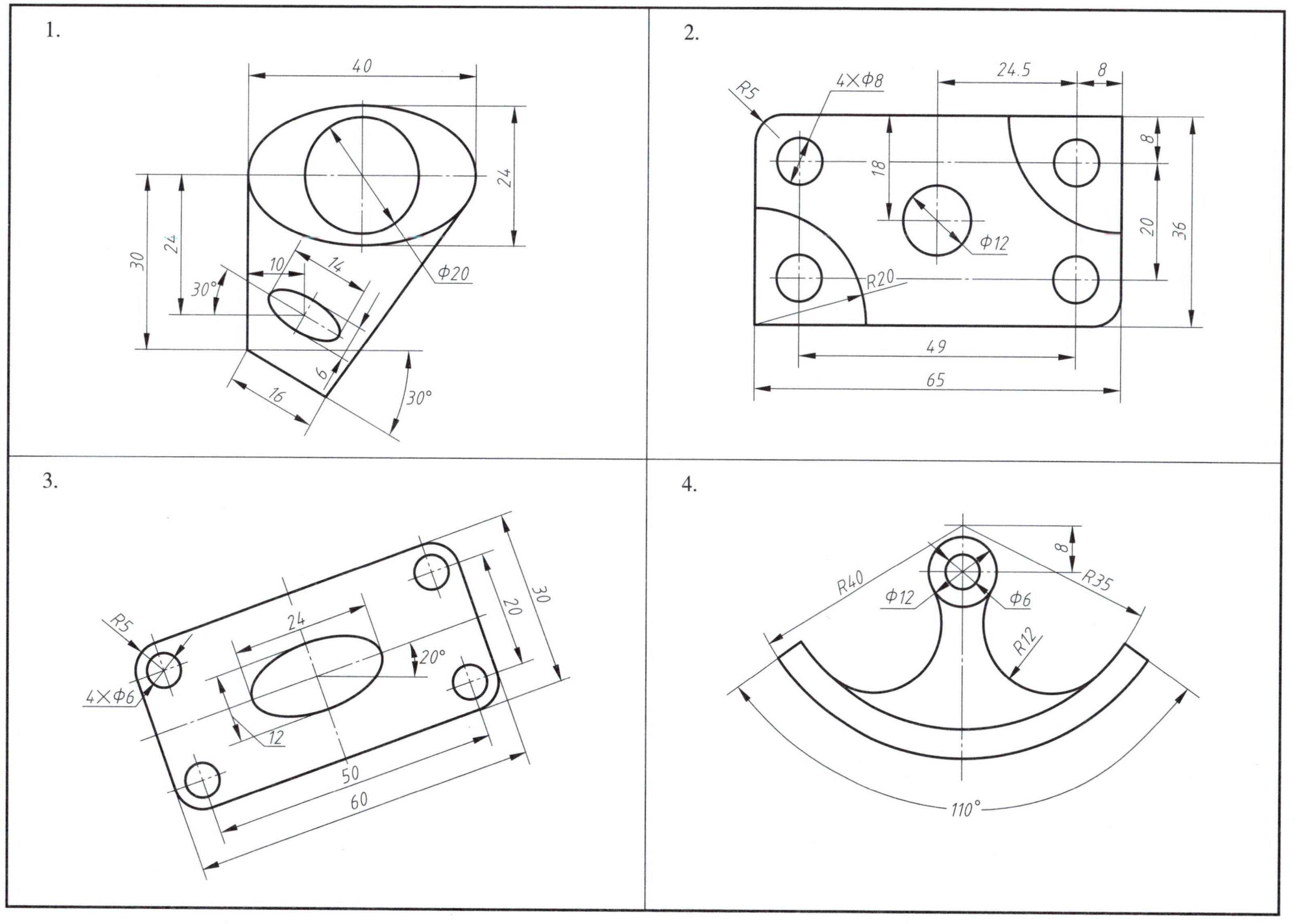

1–14 根据所给尺寸绘制图形（九）

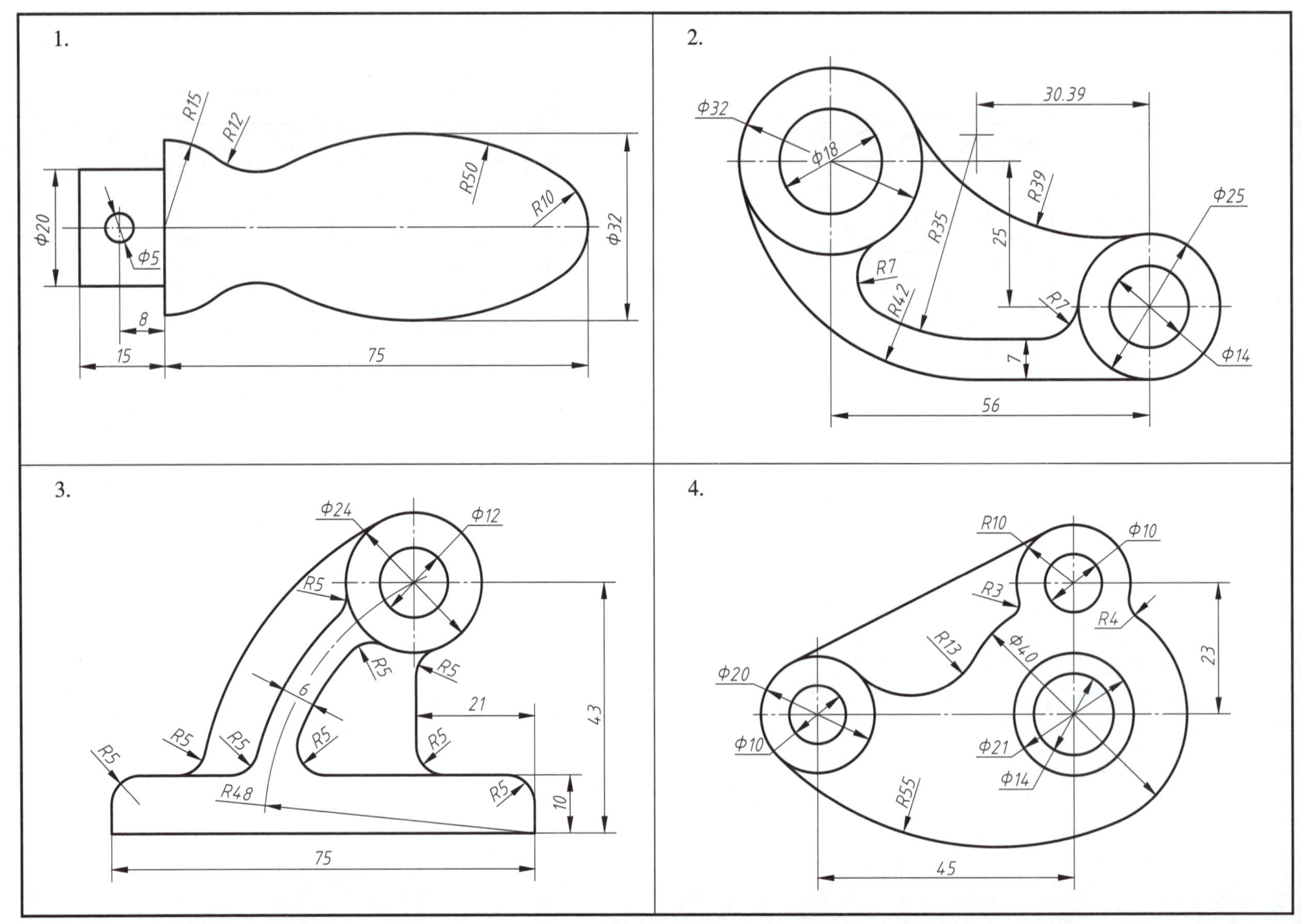

班级　　姓名　　学号

1-15　根据所给尺寸绘制图形（十）

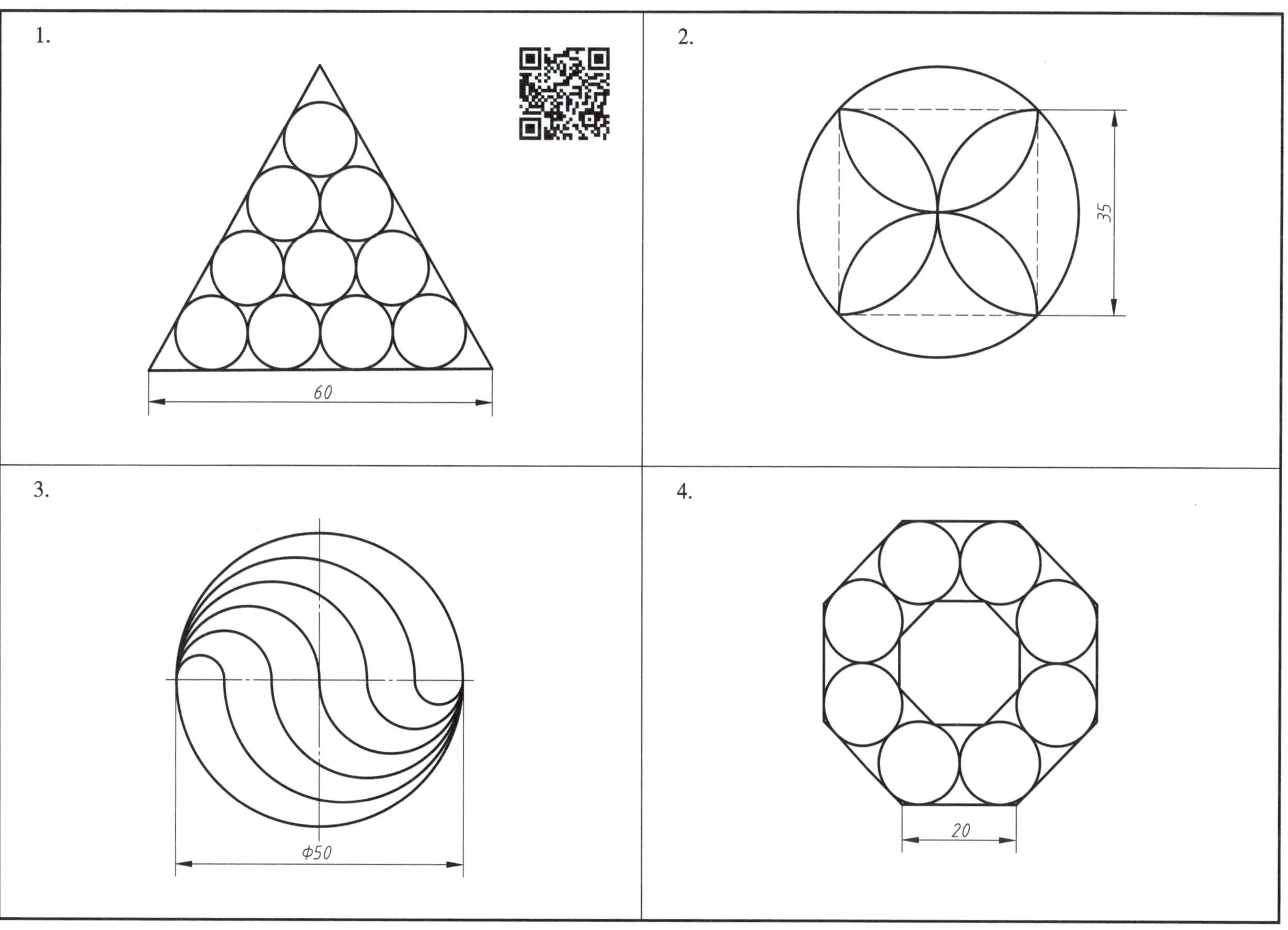

1–16 根据所给尺寸绘制图形（十一）

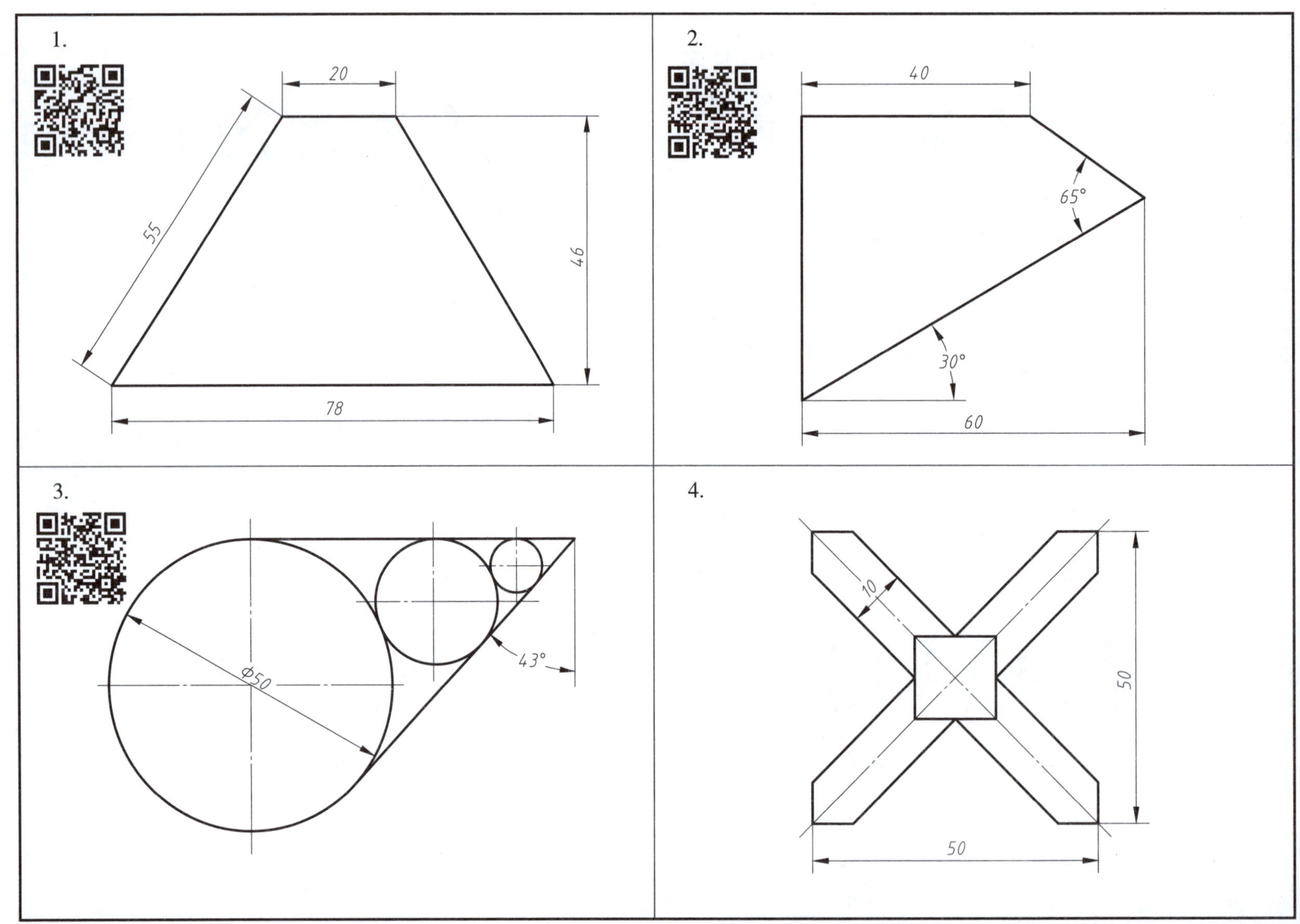

 班级 姓名 学号

1–17 根据所给尺寸绘制图形（十二）

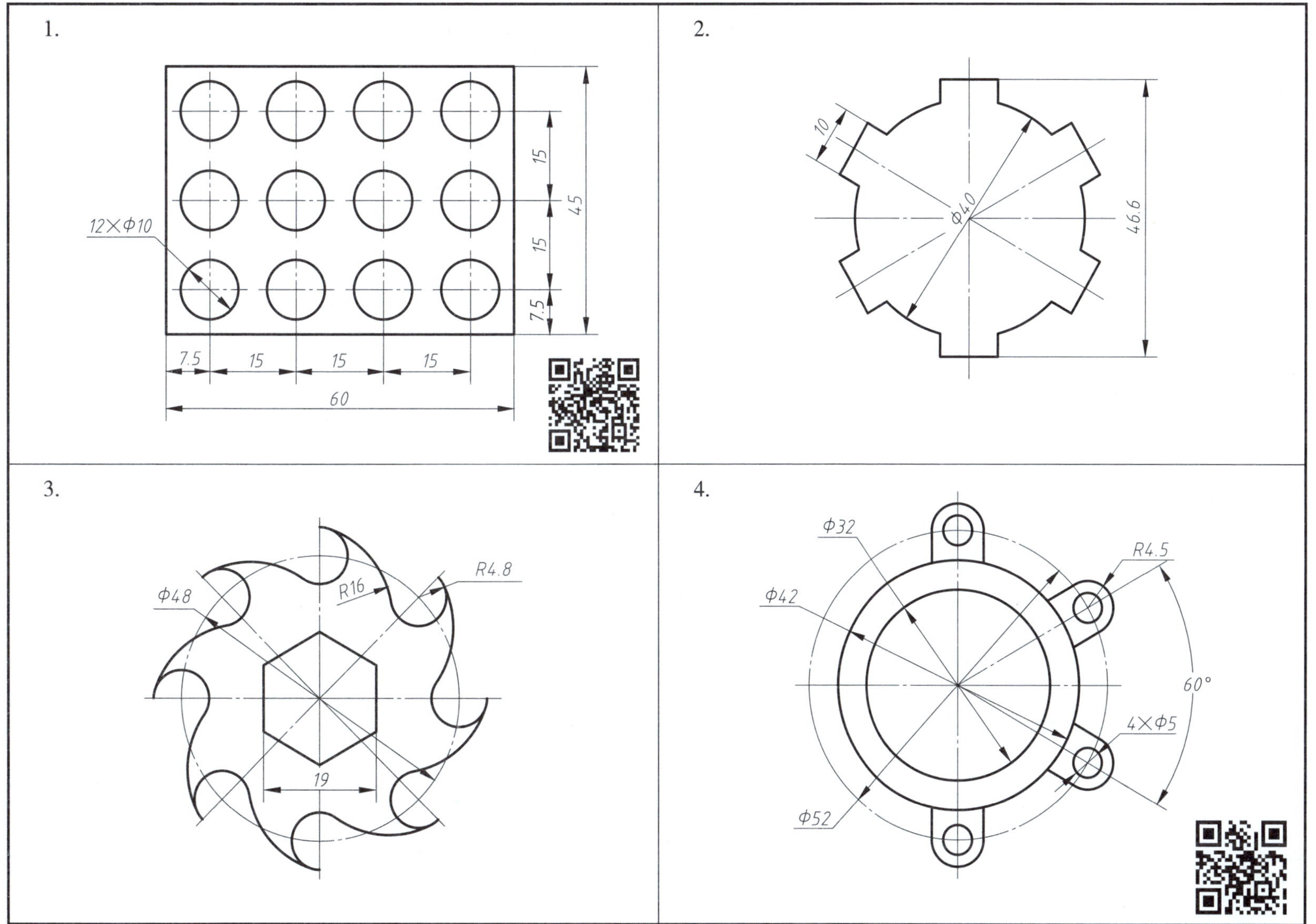

第二章　绘制复杂平面图

2-1　绘制平面图形（一）

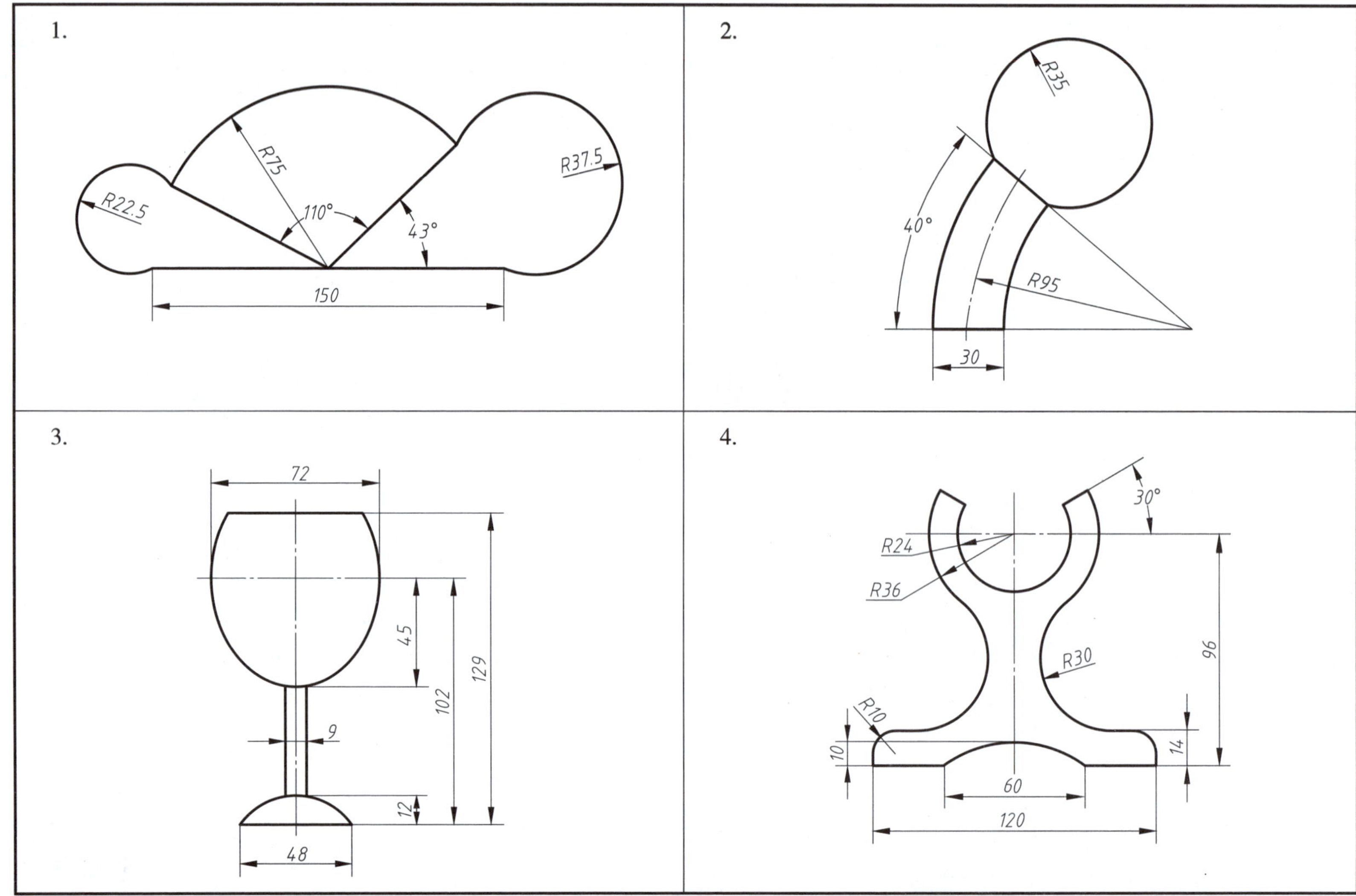

班级　　　姓名　　　学号

2-2 绘制平面图形（二）

1.
R20
R20
R32
Φ20
2×Φ16
20
R15
46
70
R10
R10
30°
70
100
2.
35
28
R70
R28
R28
R7
42
R140
49
Φ14
Φ28
3.
Φ20
R22
R14
R16
45
R40
2×Φ14
24
30
94
4.
R55
R37
R50
R31
R21
R27
Φ12
Φ6
10
24
85

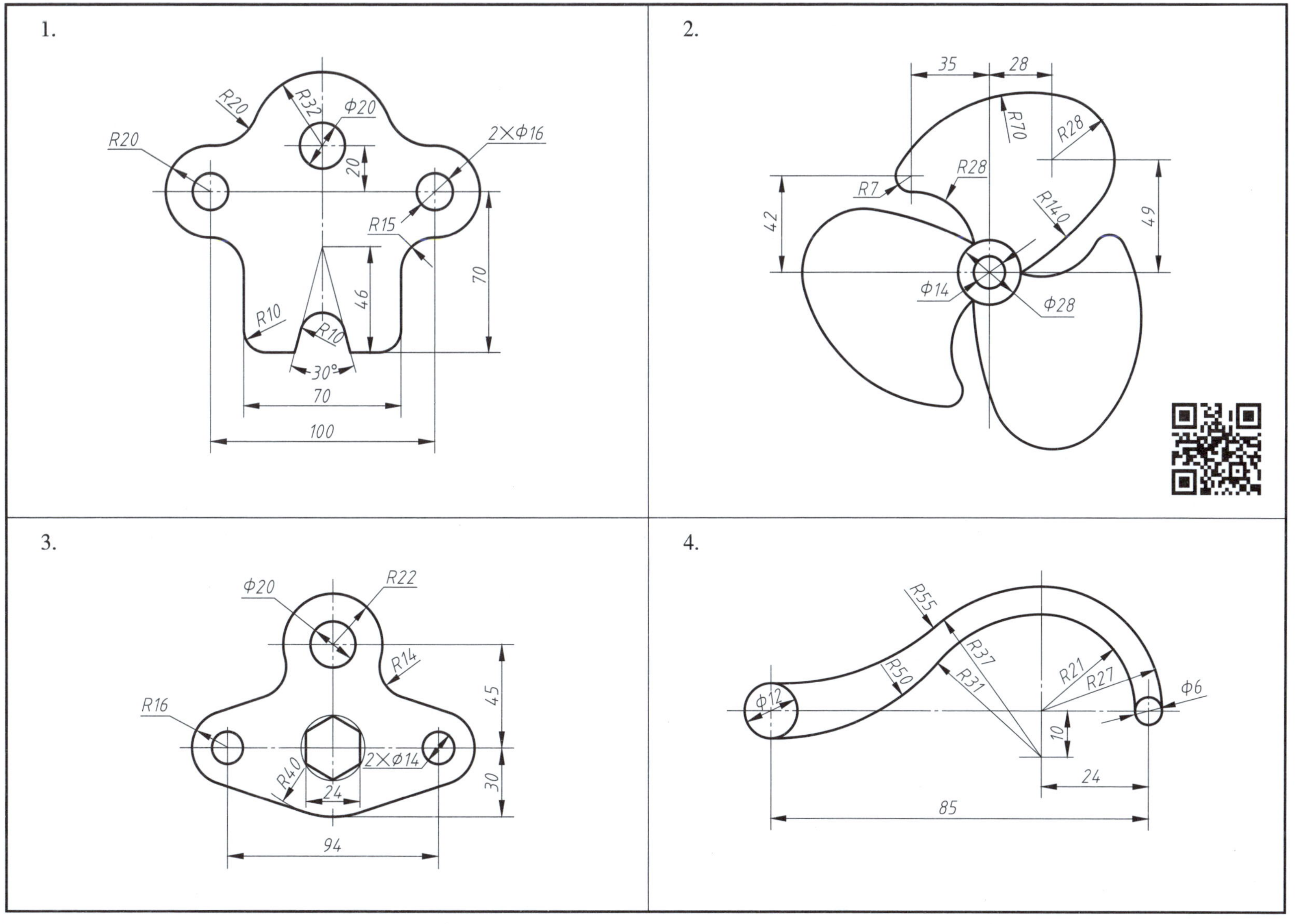

2–3 绘制平面图形（三）

1.

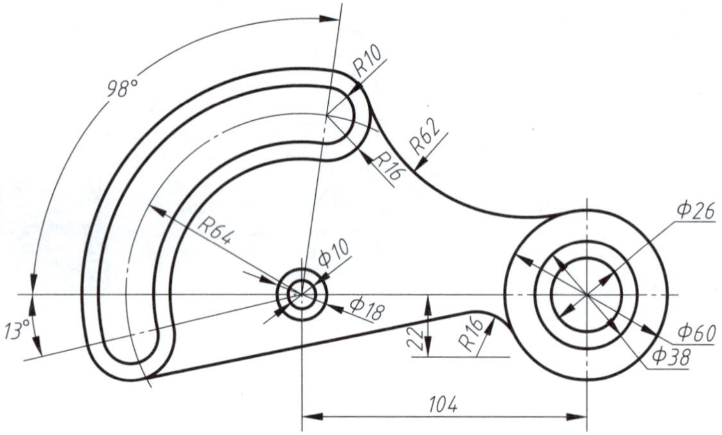

2.

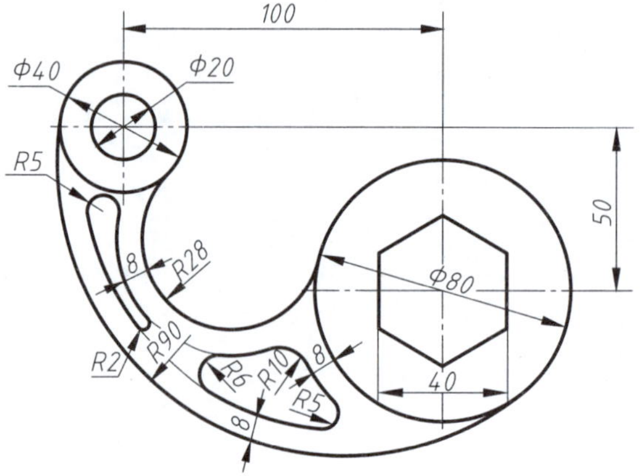

 班级 姓名 学号

2-4 绘制平面图形（四）

1.
80
R90
R23
40
55
R30
20
2×Φ12
R8
R15
40°
50
2.
R33
R22
44
Φ44
R44
R22
R22
Φ15
R14
132

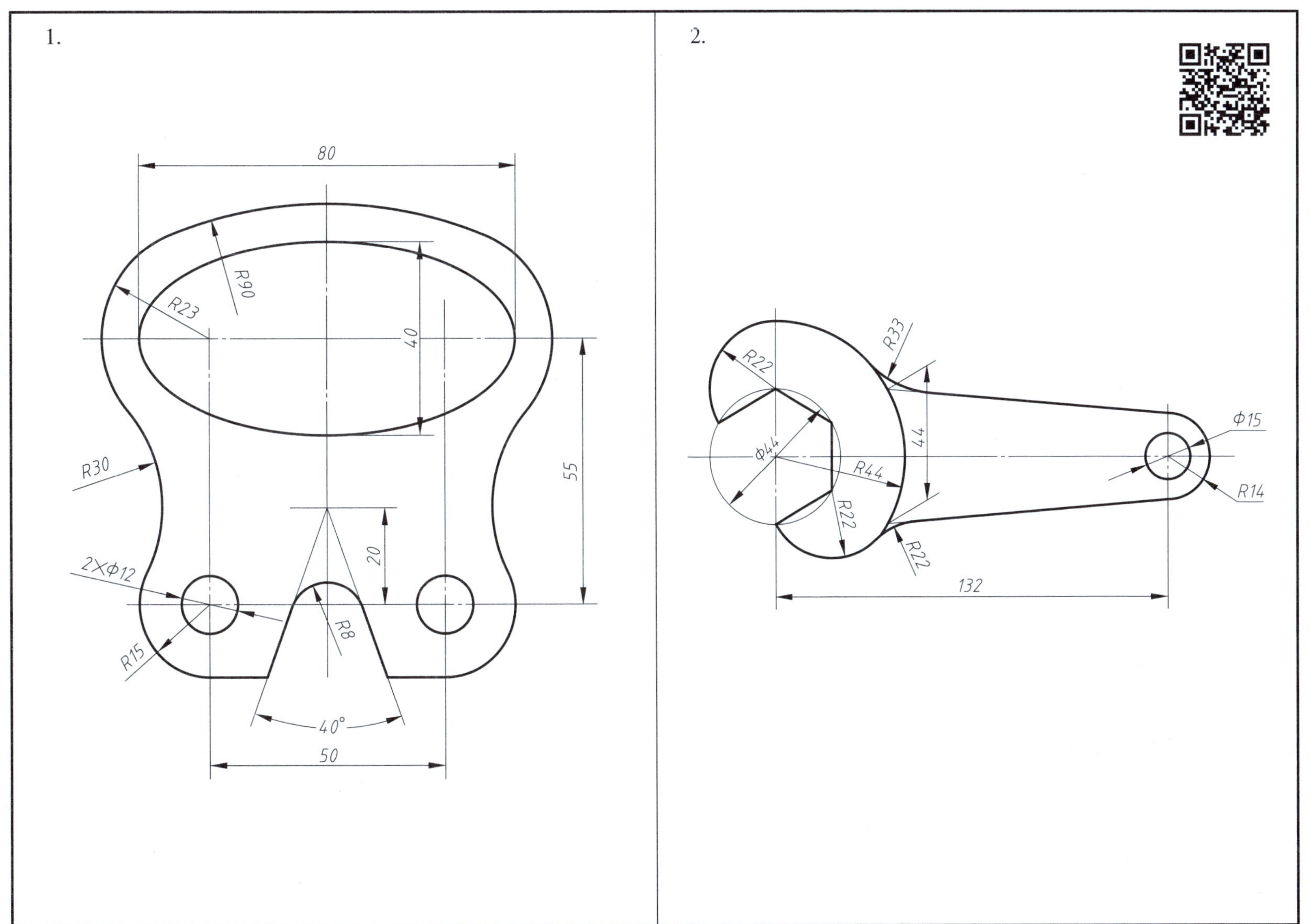

2–5 绘制平面图形（五）

1.

2.

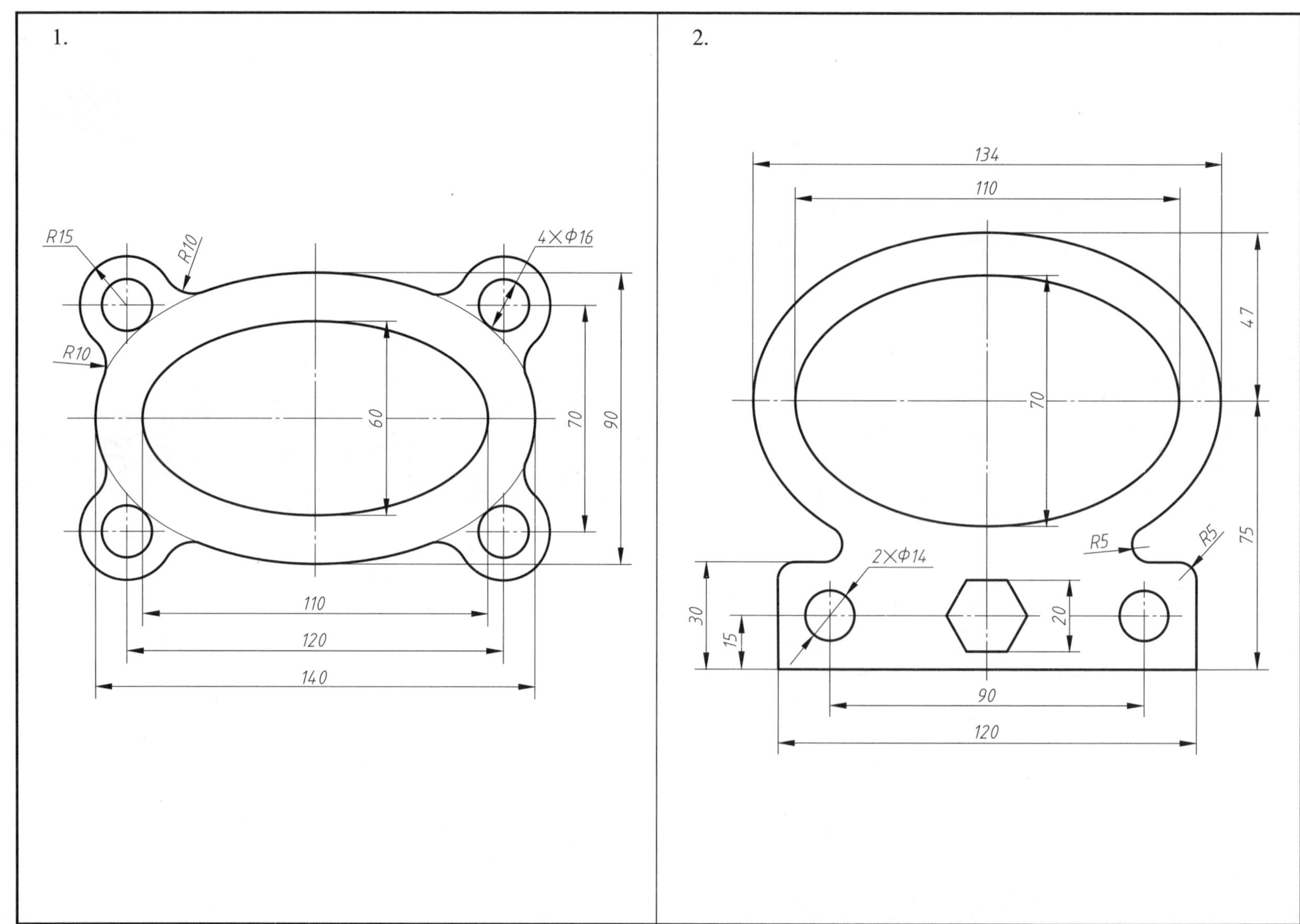

 班级　　姓名　　学号

2-6 绘制平面图形（六）

1.

2.

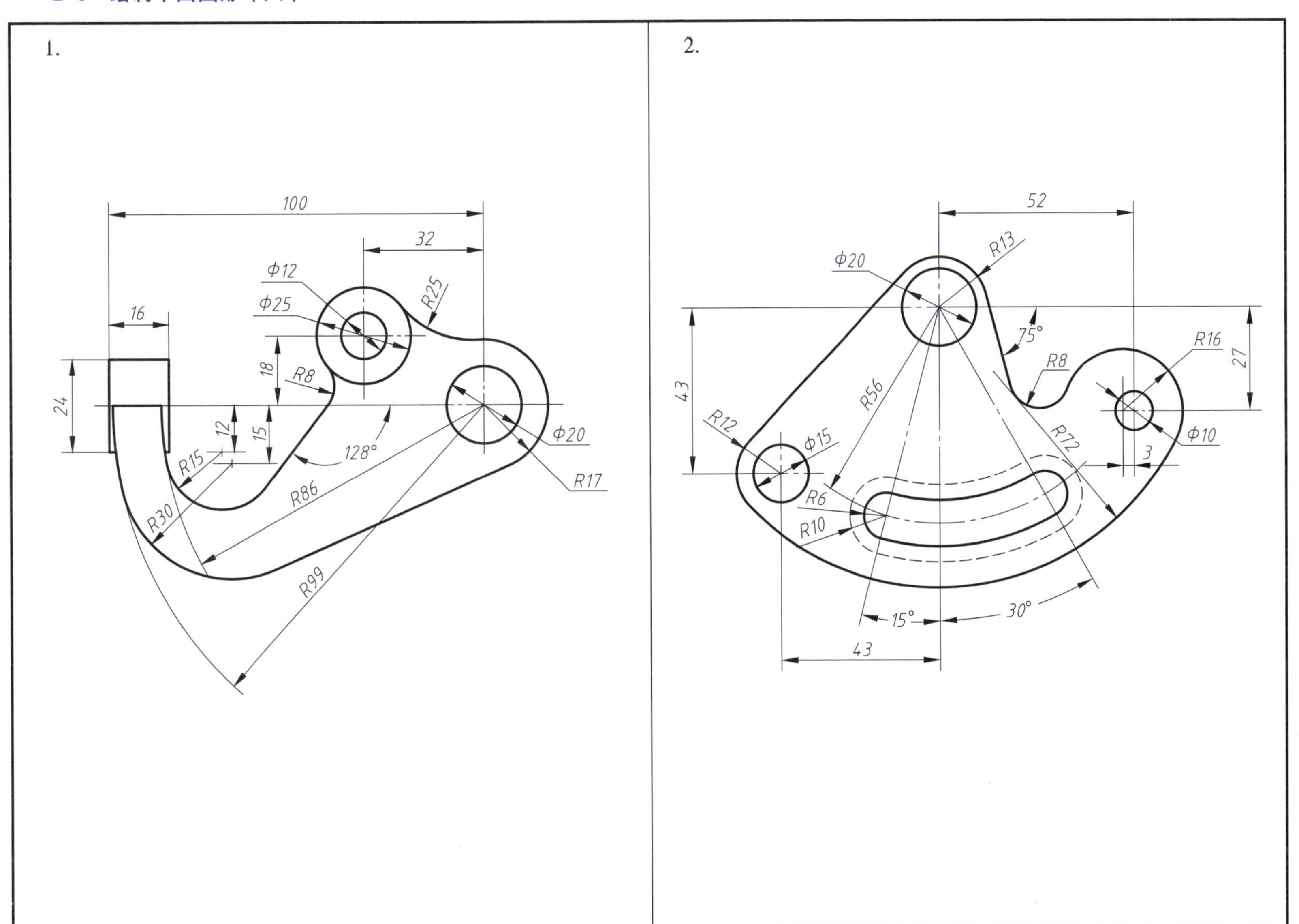

2–7　绘制平面图形（七）

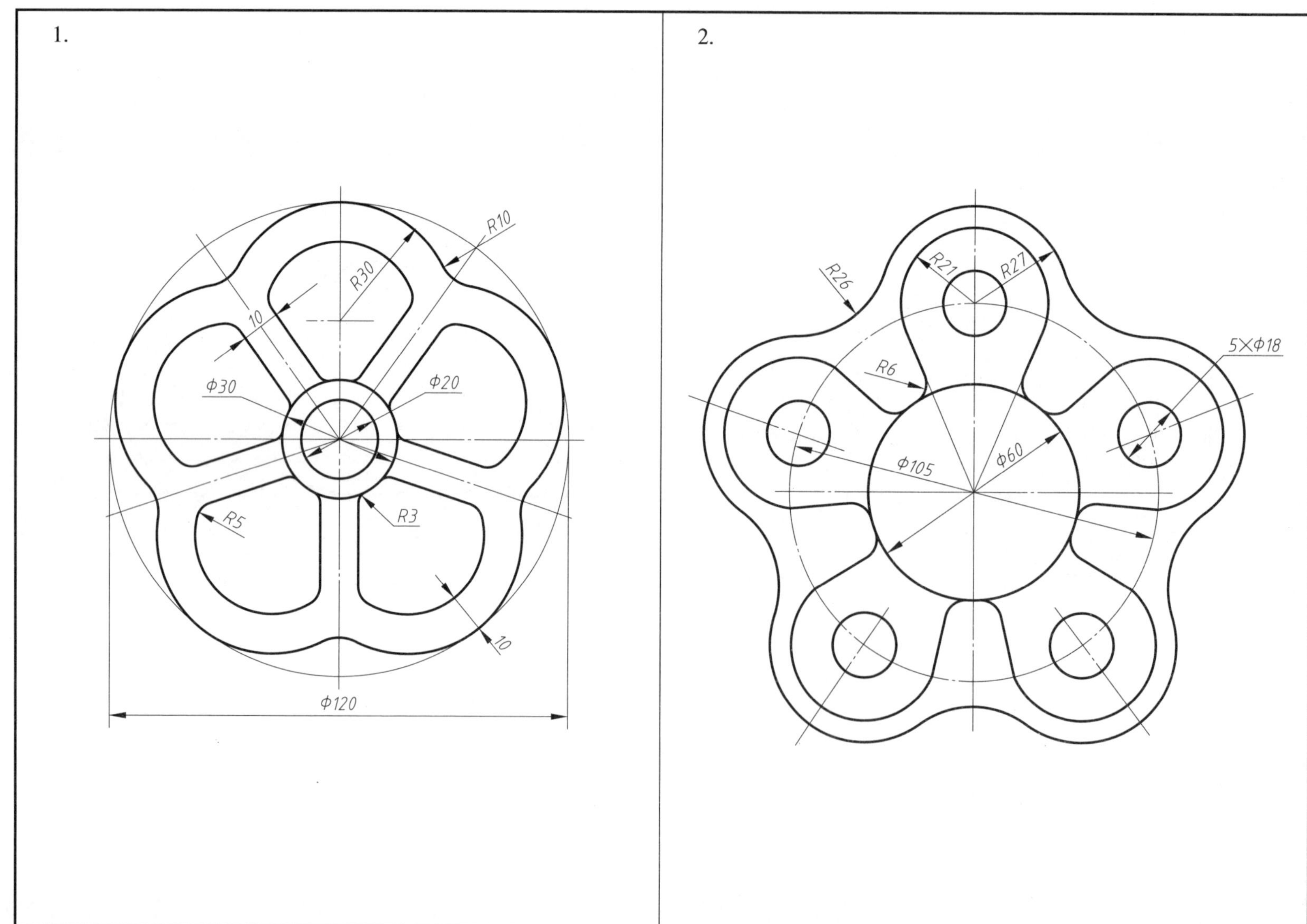

　　班级　　姓名　　学号

2-8 绘制平面图形（八）

1.
50
22
10
24
46
10
22
Φ12
30
10
28
36
30
36
132°
18°
12
28
78
Φ42
Φ24
2.
82
Φ88
Φ48
Φ22
Φ38
14
78
51
R160
69°
R20
Φ26
Φ16
Φ24
81

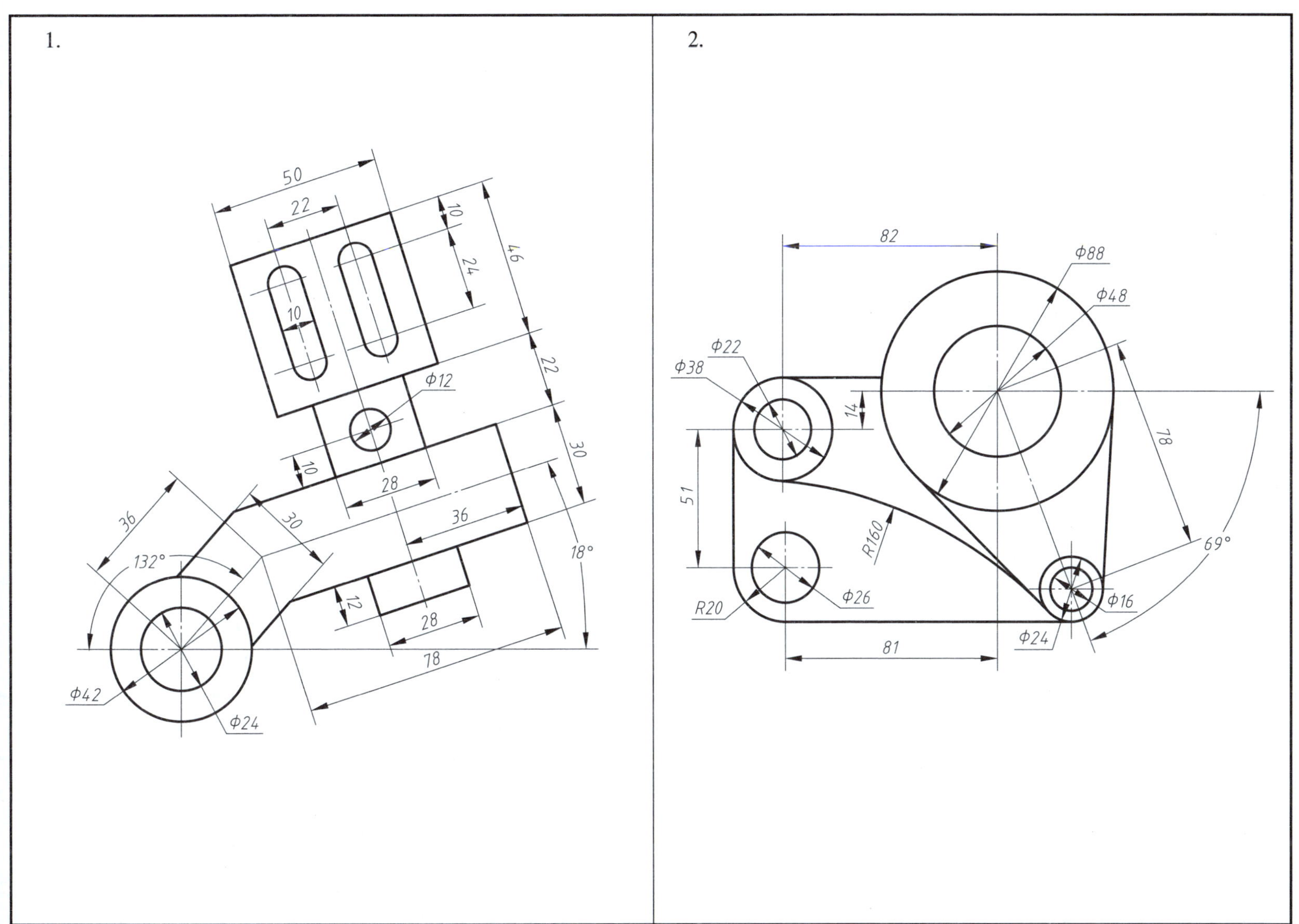

2-9 绘制平面图形（九）

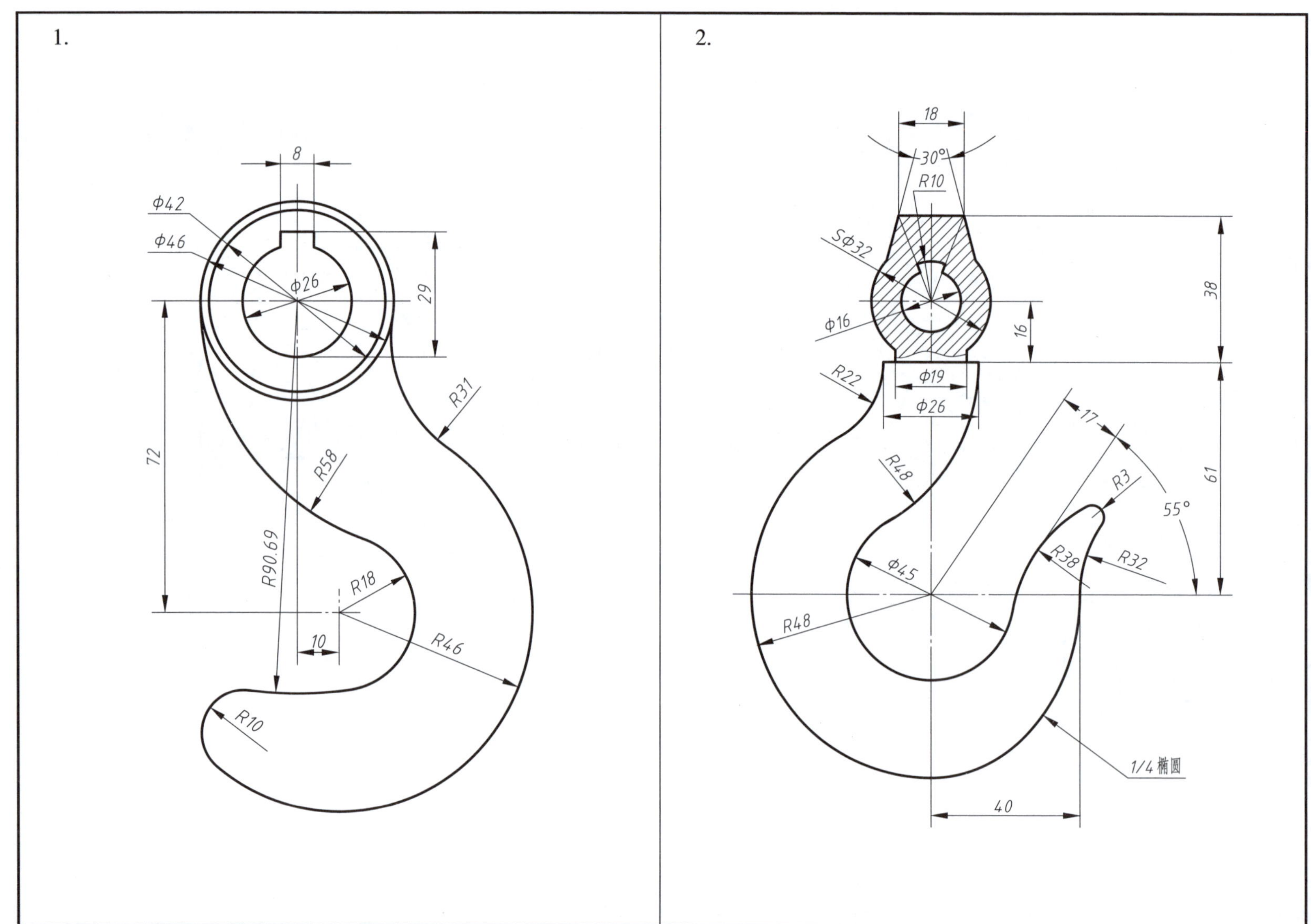

 班级 姓名 学号

2-10 绘制平面图形（十）

1.

2.

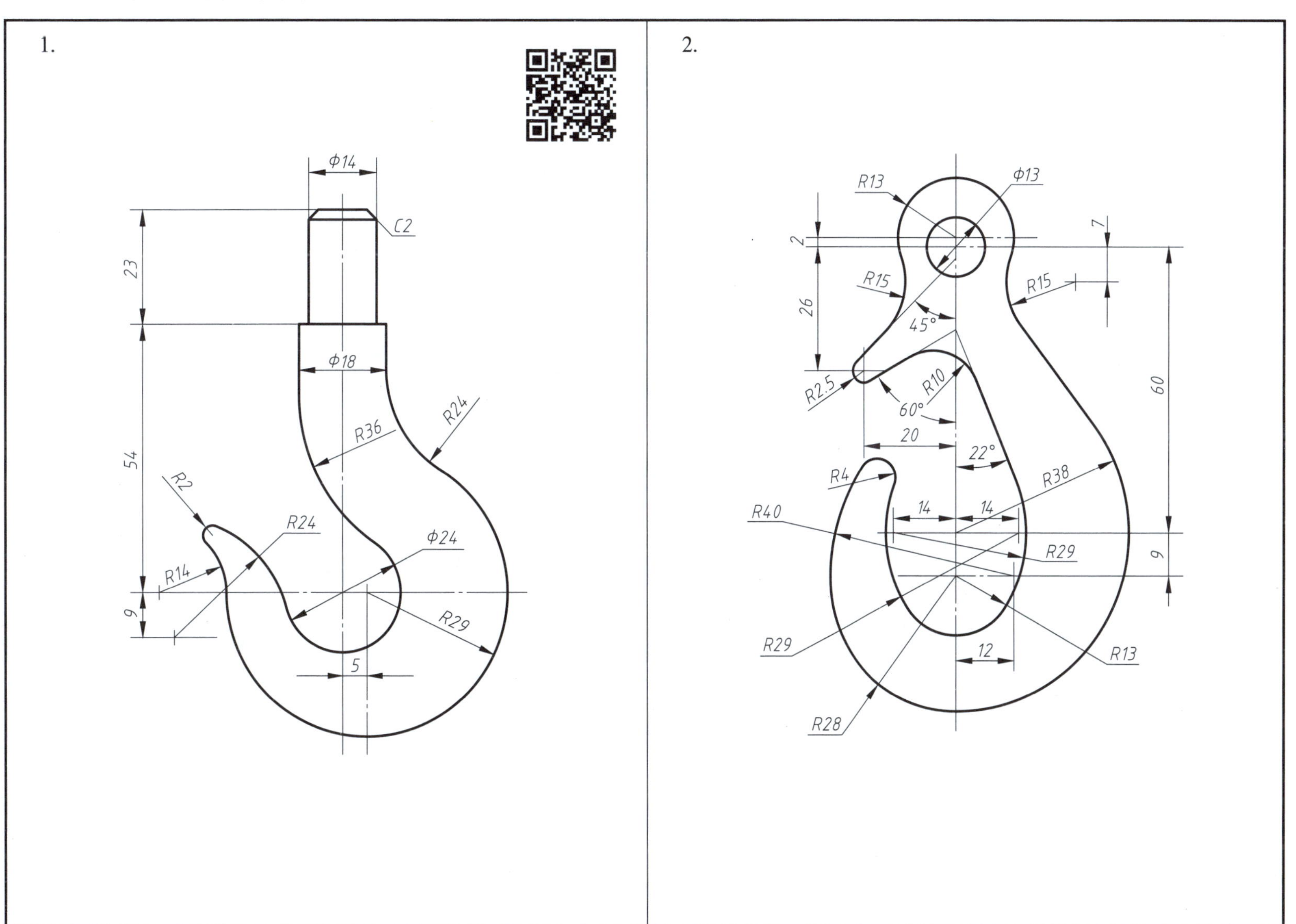

2-11 绘制平面图形（十一）

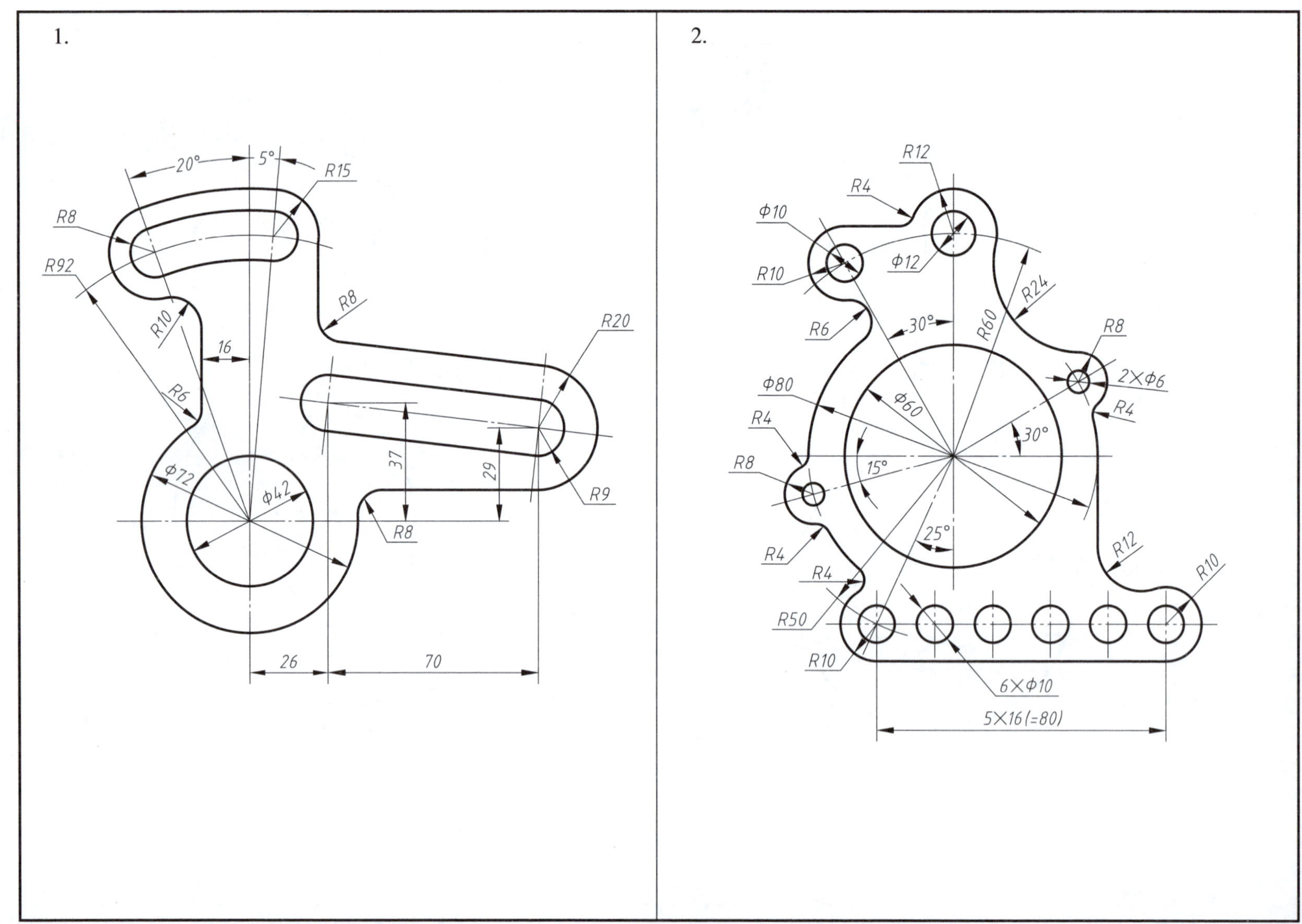

 班级　　姓名　　学号

2-12 绘制平面图形（十二）

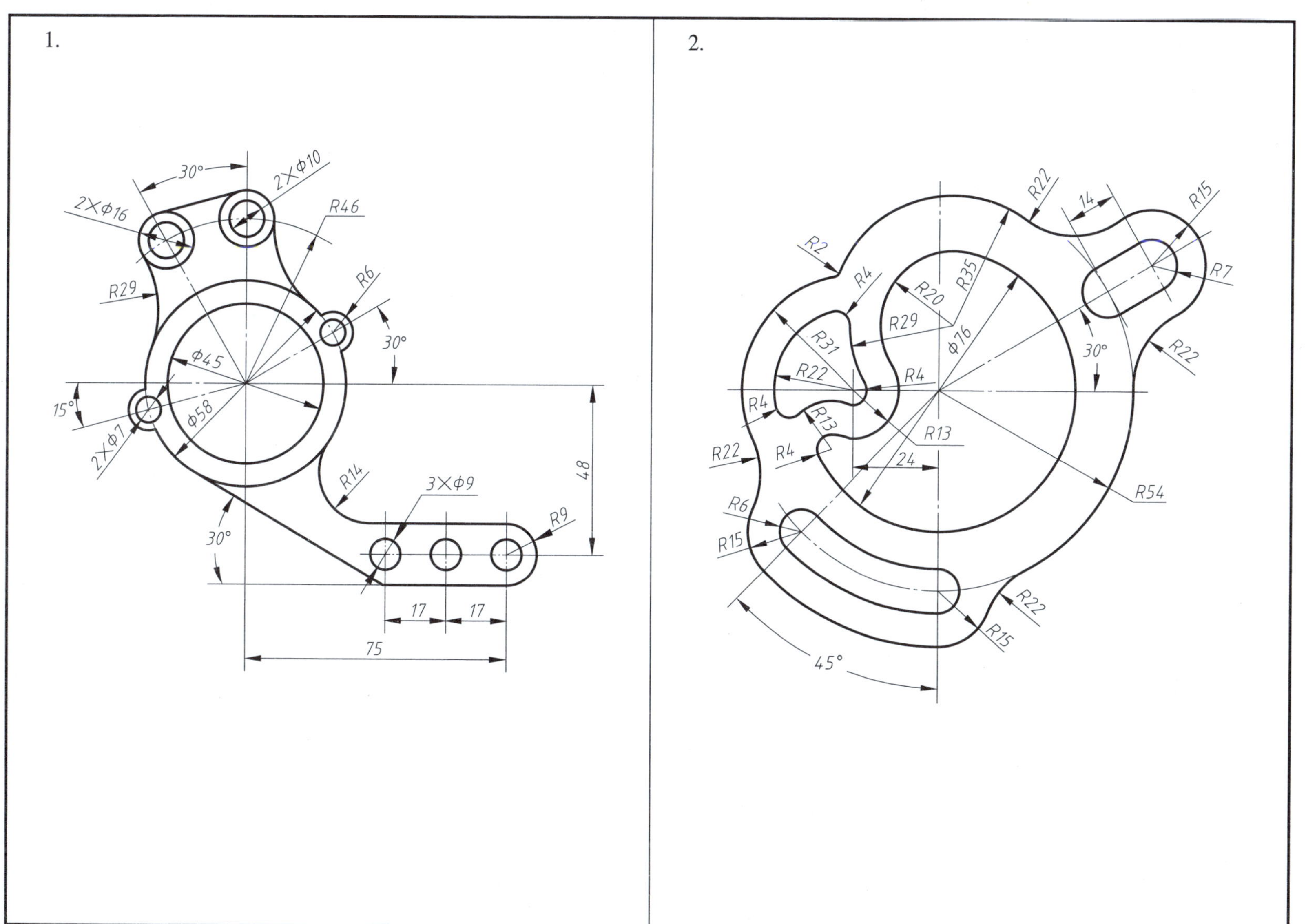

2–13 绘制平面图形（十三）

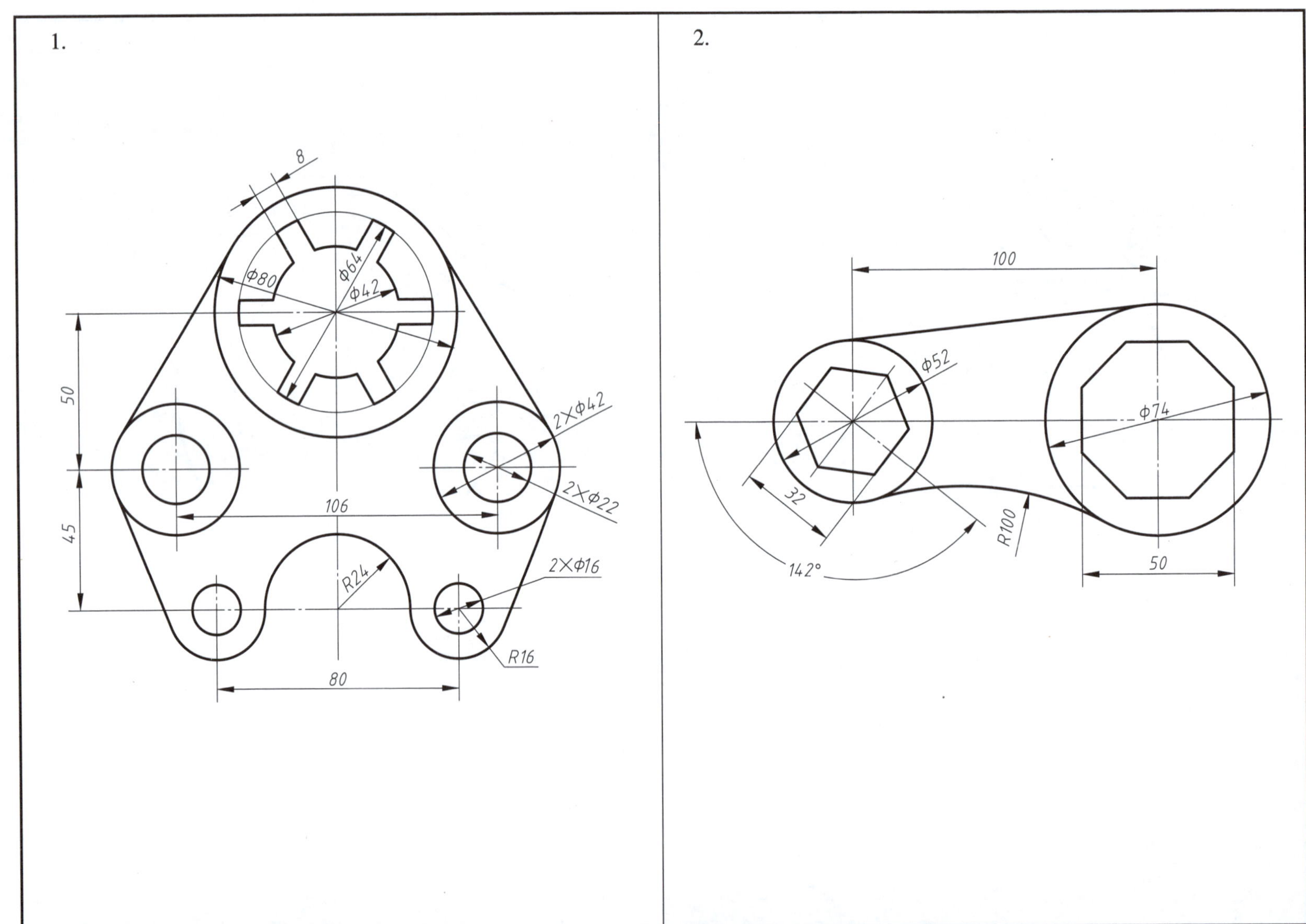

班级　　姓名　　学号

2-14　绘制平面图形（十四）

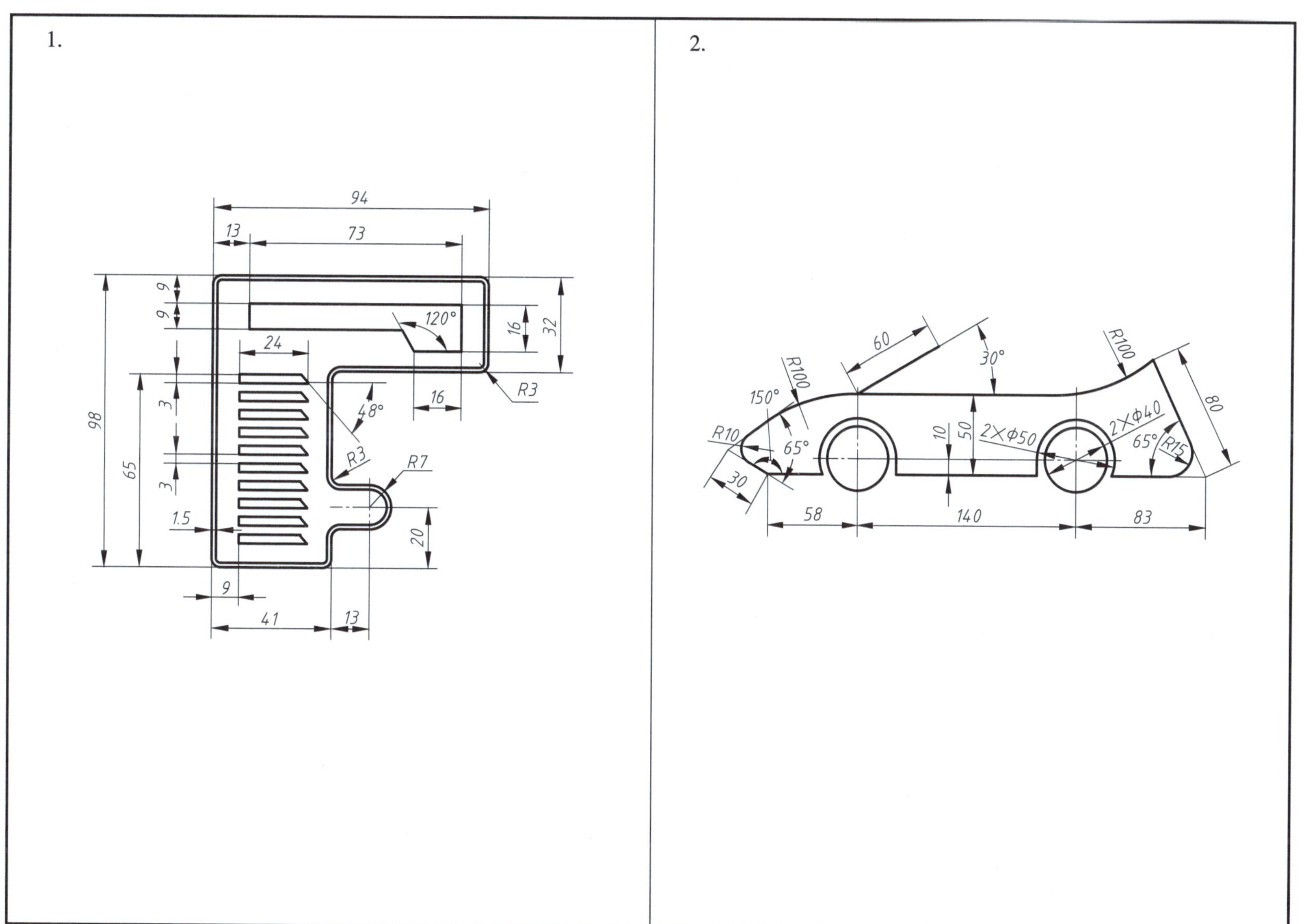

2-15　绘制平面图形（十五）

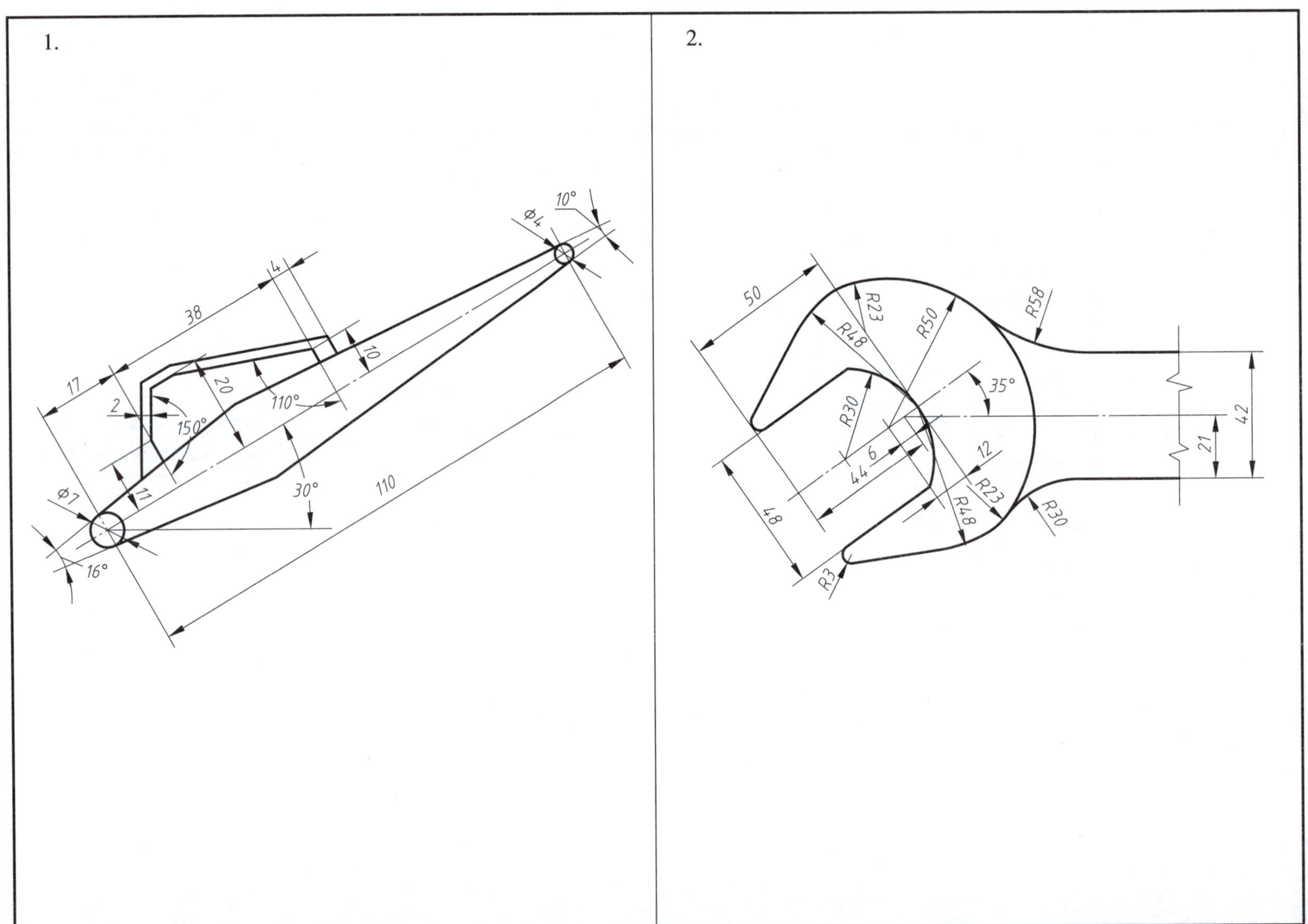

　班级　姓名　学号

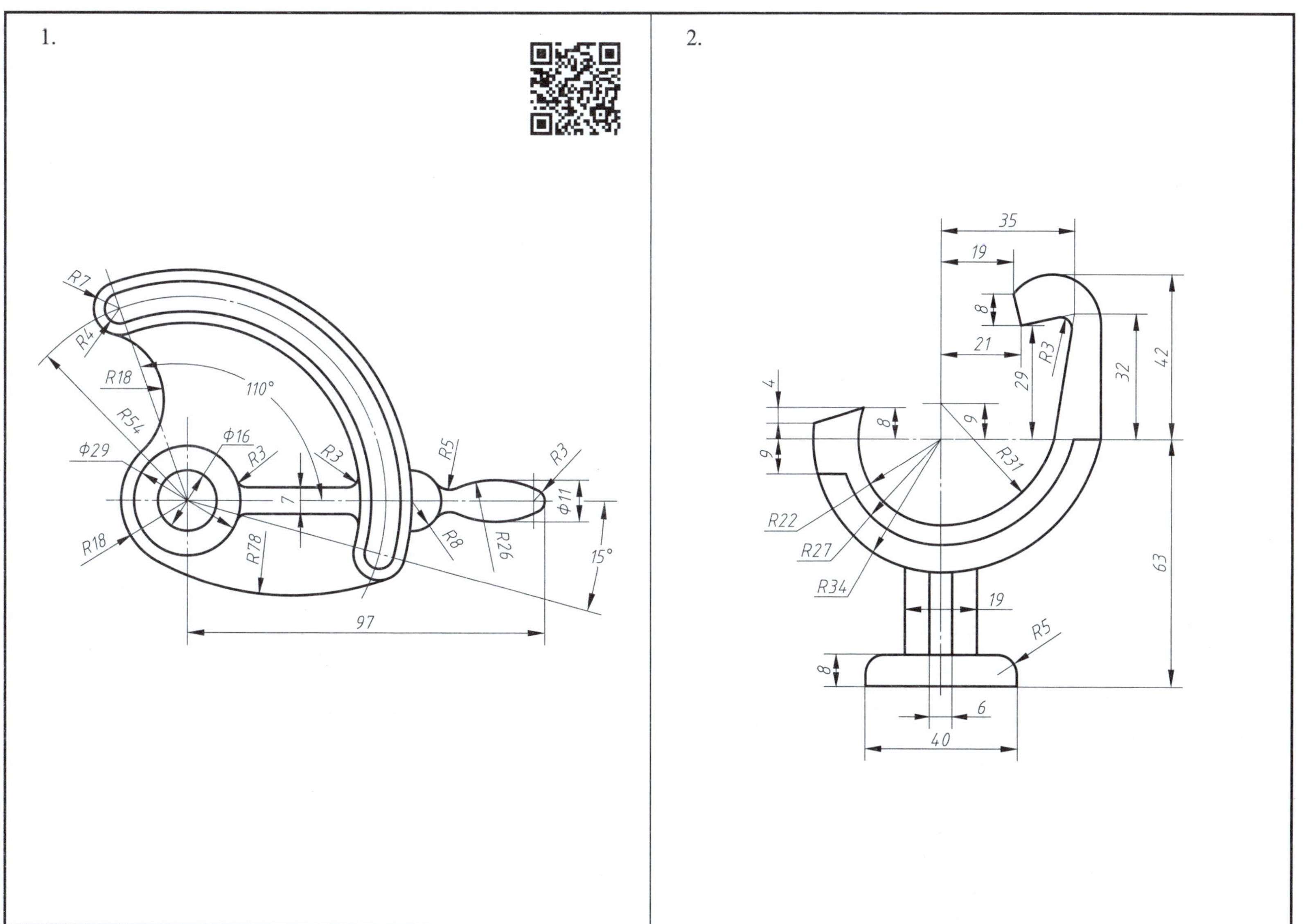
1.
R7
R4
R18
110°
R54
φ29
φ16
R3
R3
R5
R3
φ11
7
R18
R78
R8
R26
15°
97
2.
35
19
8
21
R3
29
32
42
4
8
9
9
R31
R22
R27
R34
19
R5
63
8
6
40

2–17　绘制平面图形（十七）

1.

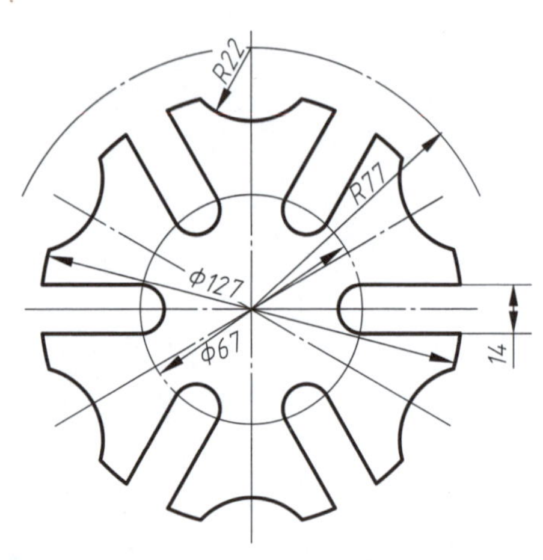

2.

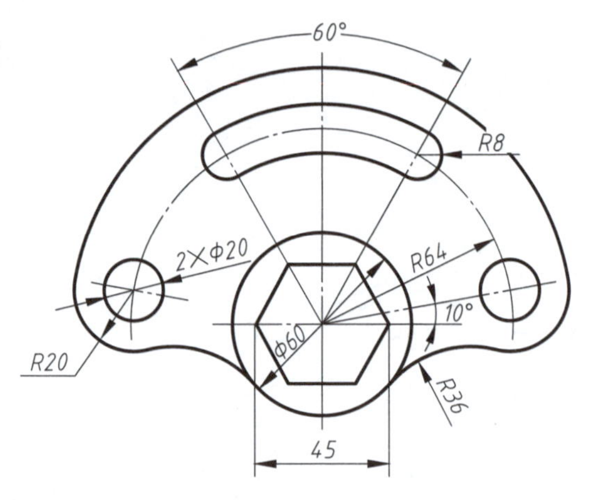

3.

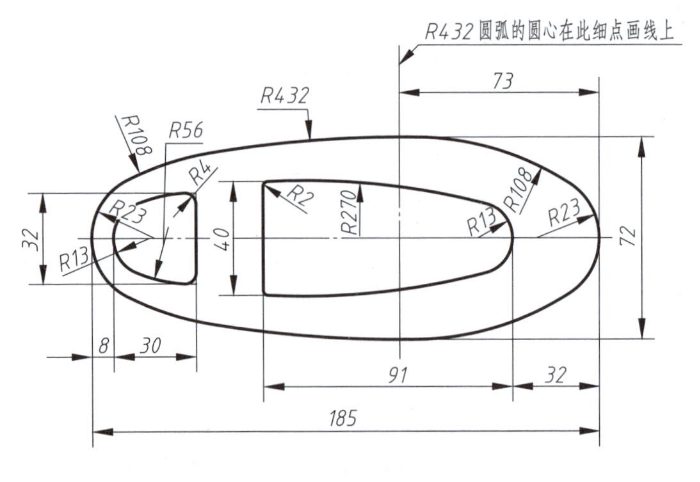

4.

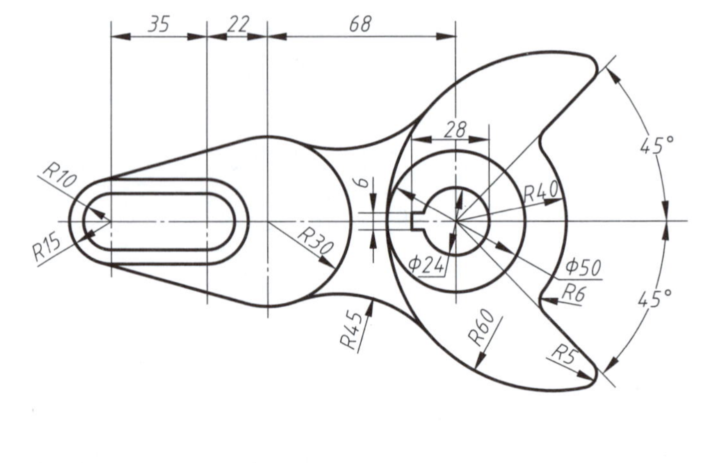

　　班级　　姓名　　学号

2-18 绘制平面图形（十八）

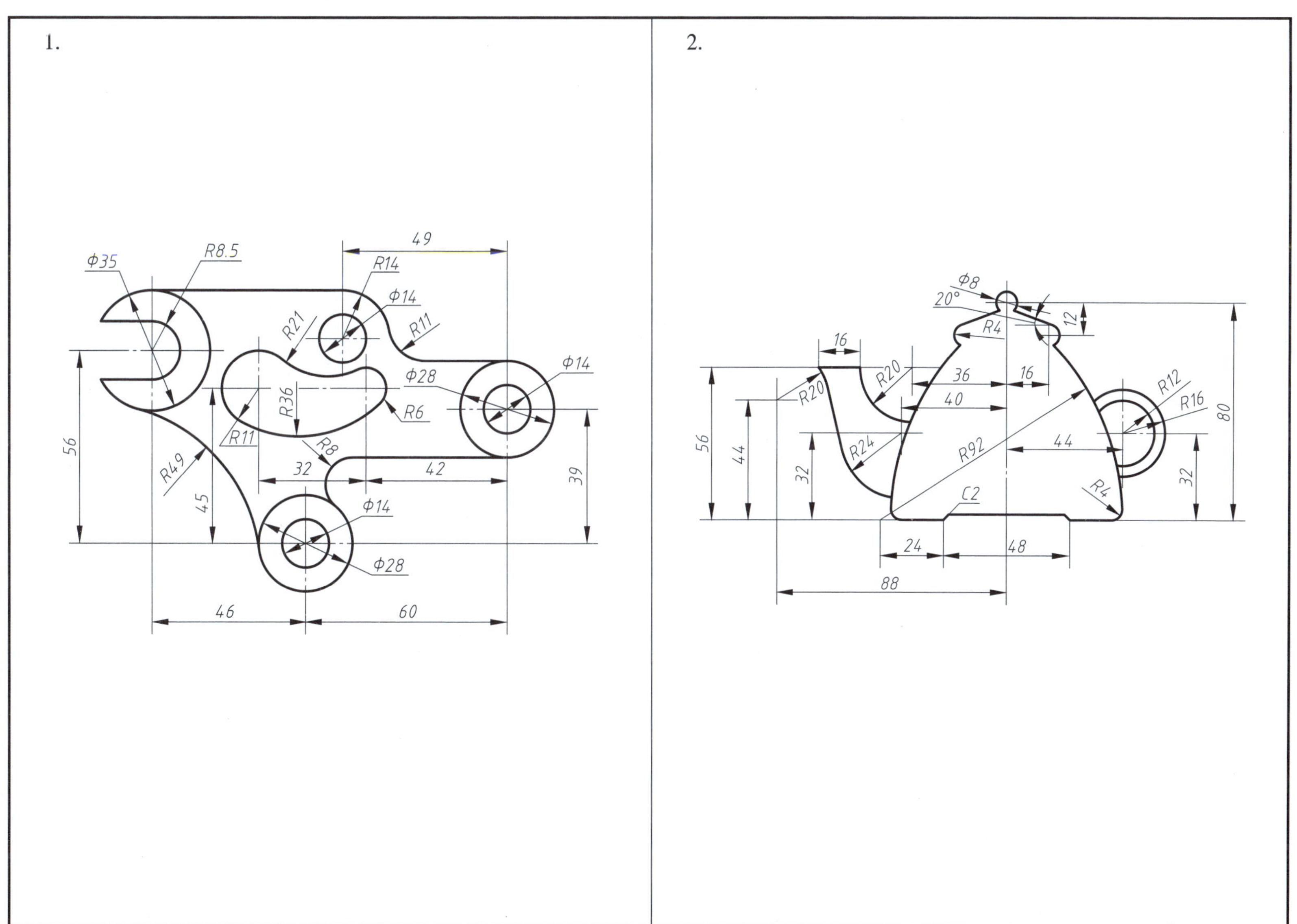

2-19 绘制平面图形（十九）

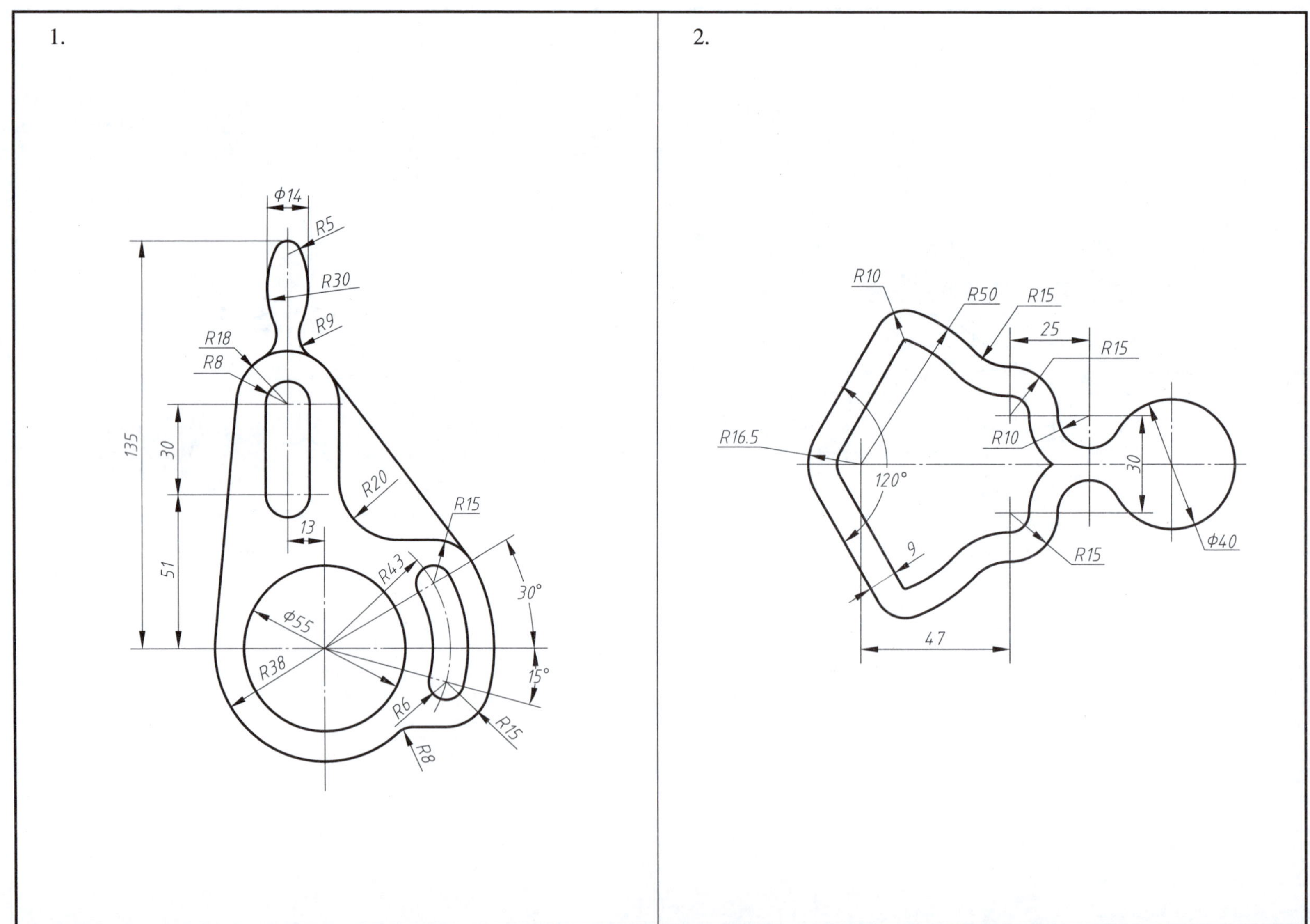

 班级 姓名 学号

2-20 绘制平面图形（二十）

1.

2.

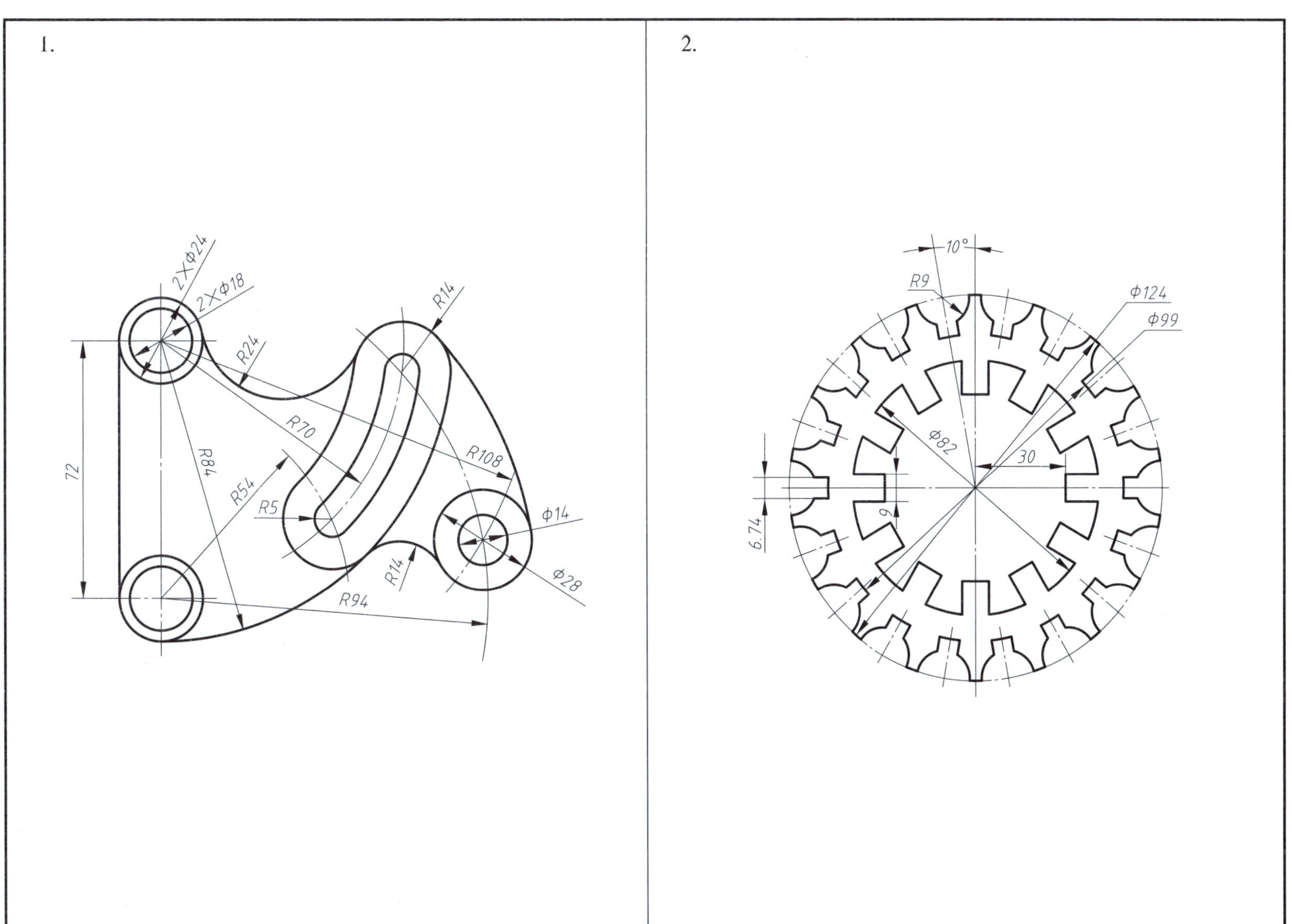

2–21 绘制平面图形（二十一）

1.

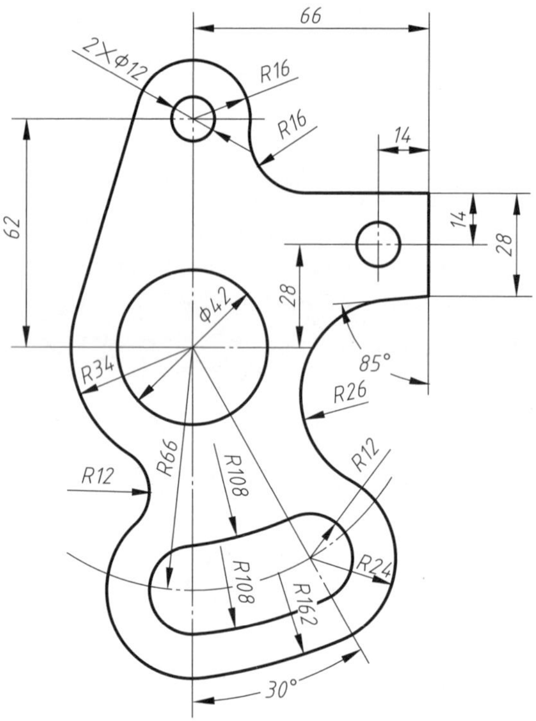

2×φ12, 66, R16, R16, 14, 14, 28, 62, 28, φ42, 85°, R34, R26, R12, R66, R108, R12, R108, R24, R162, 30°

2.

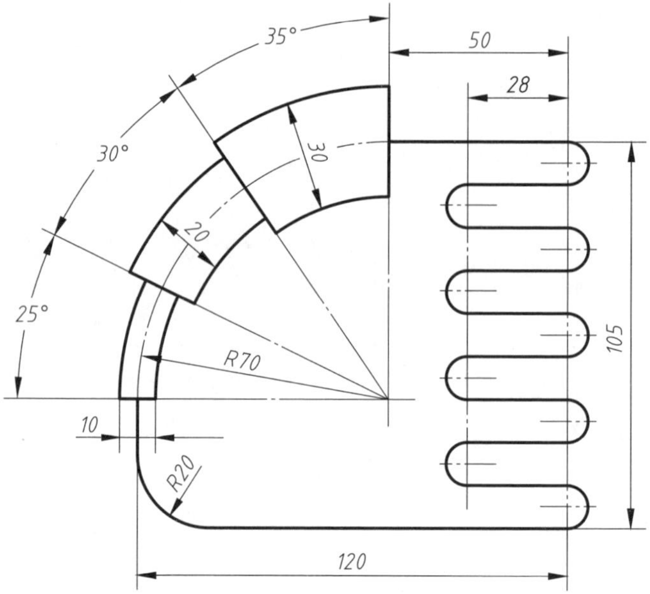

35°, 50, 28, 30°, 30, 20, 25°, R70, 105, 10, R20, 120

班级　　姓名　　学号

第三章　绘制三视图

3-1　绘制三视图（一）

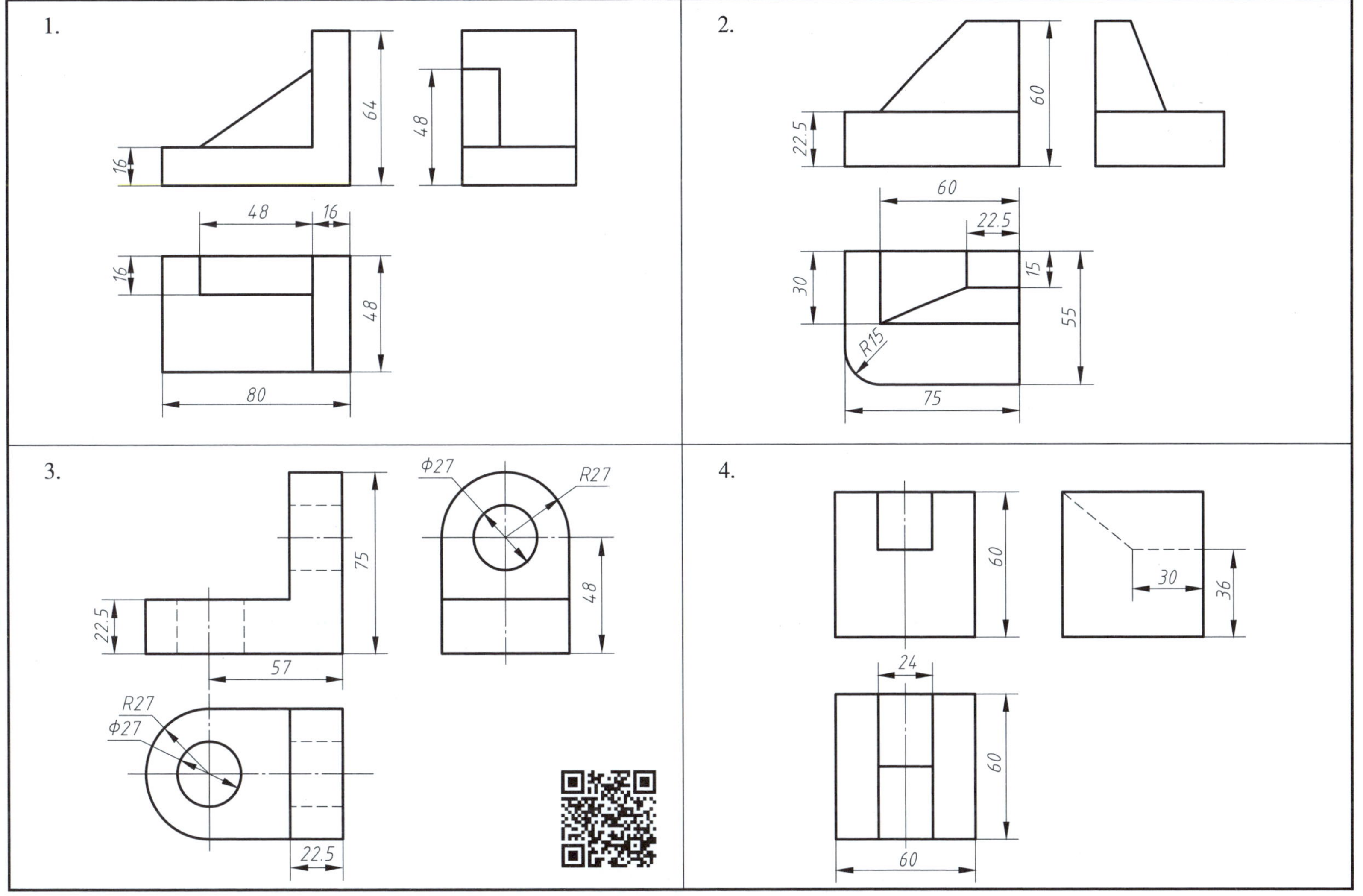

3-2 绘制三视图（二）

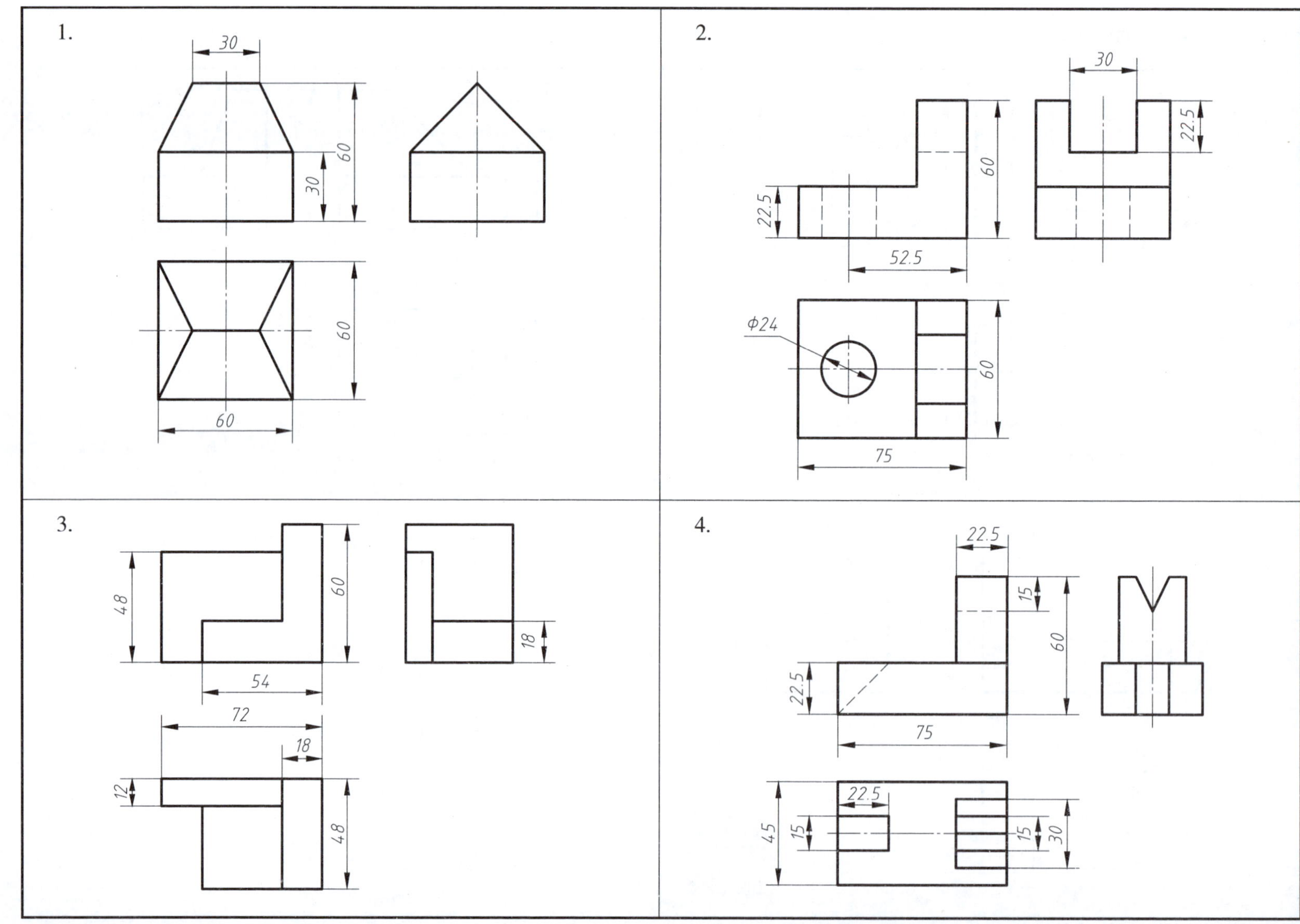

 班级 姓名 学号

3-3 绘制三视图（三）

1.
22.5
45
68
60
45
30
15
90
2.
R25
Φ30
37.5
12.5
100
25
50
3.
50
25
25
50
12.5
12.5
37.5
50
75
4.
20
28
20
14
60
20
60
80

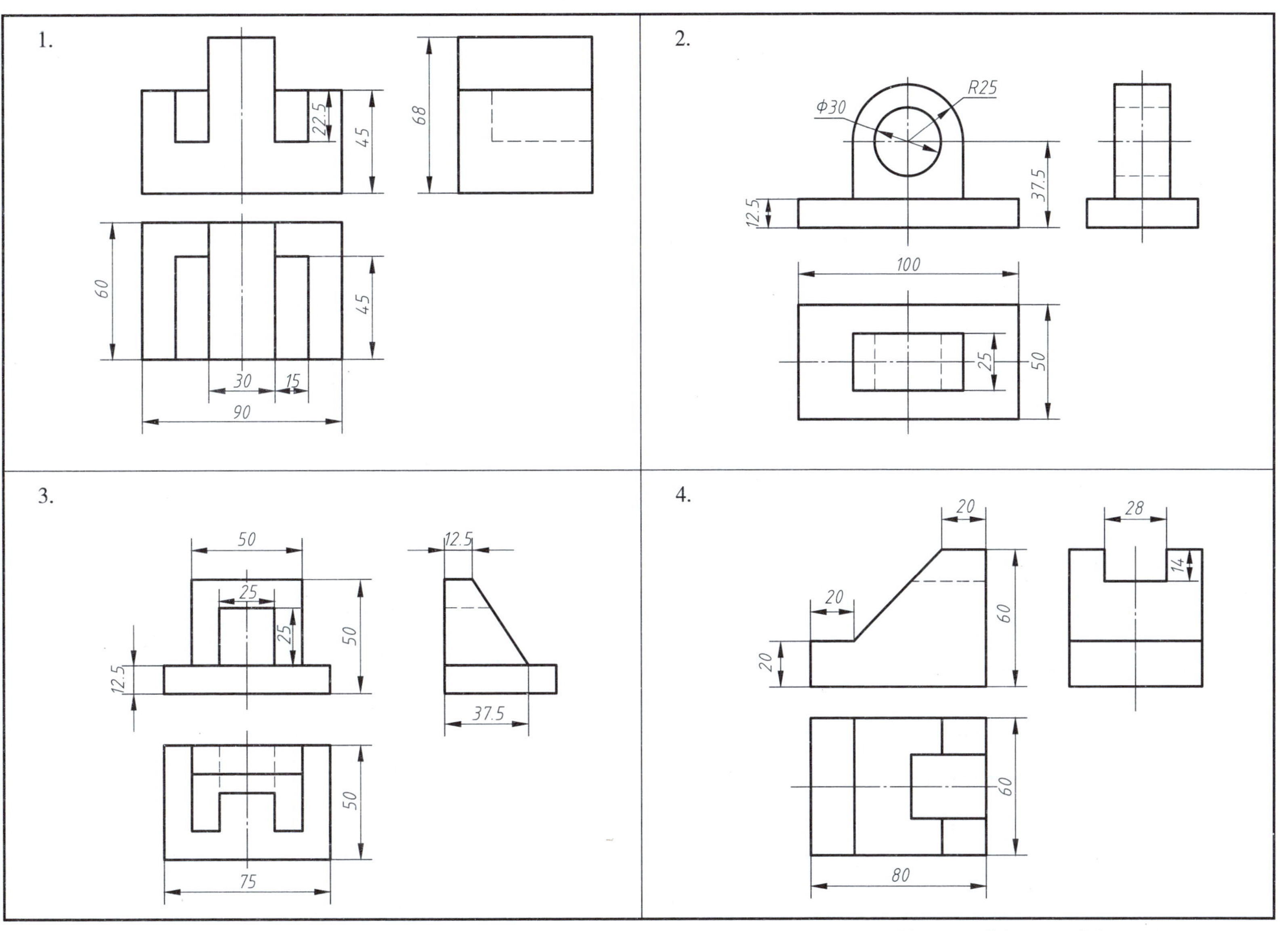

3-4 绘制三视图（四）

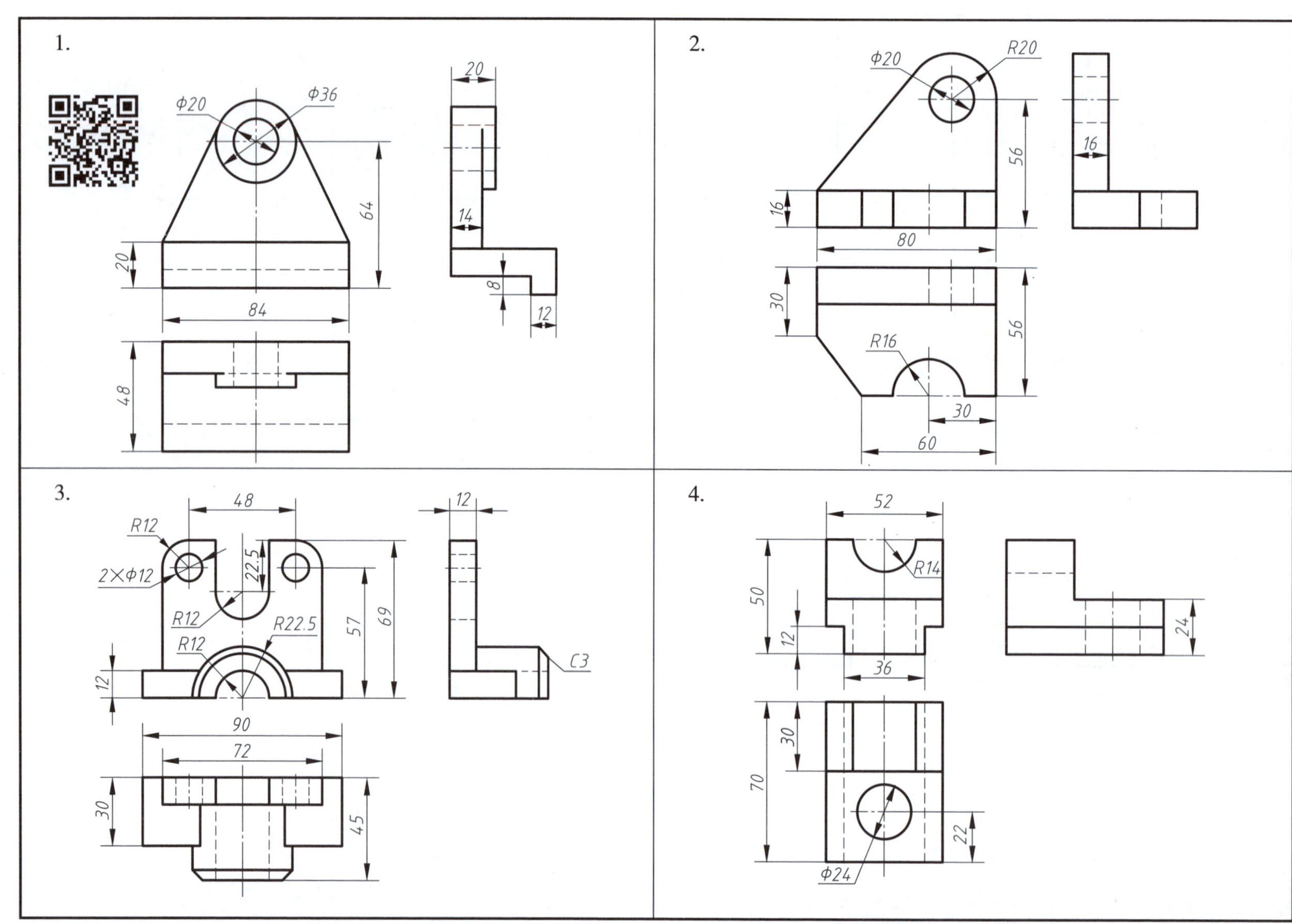

 班级 姓名 学号

3-5 绘制三视图（五）

1.
36
φ60
20
20
70
20
2.
20
30
φ80
3.
35
60°
60°
φ60
42
55
4.
45
φ60
80
φ40

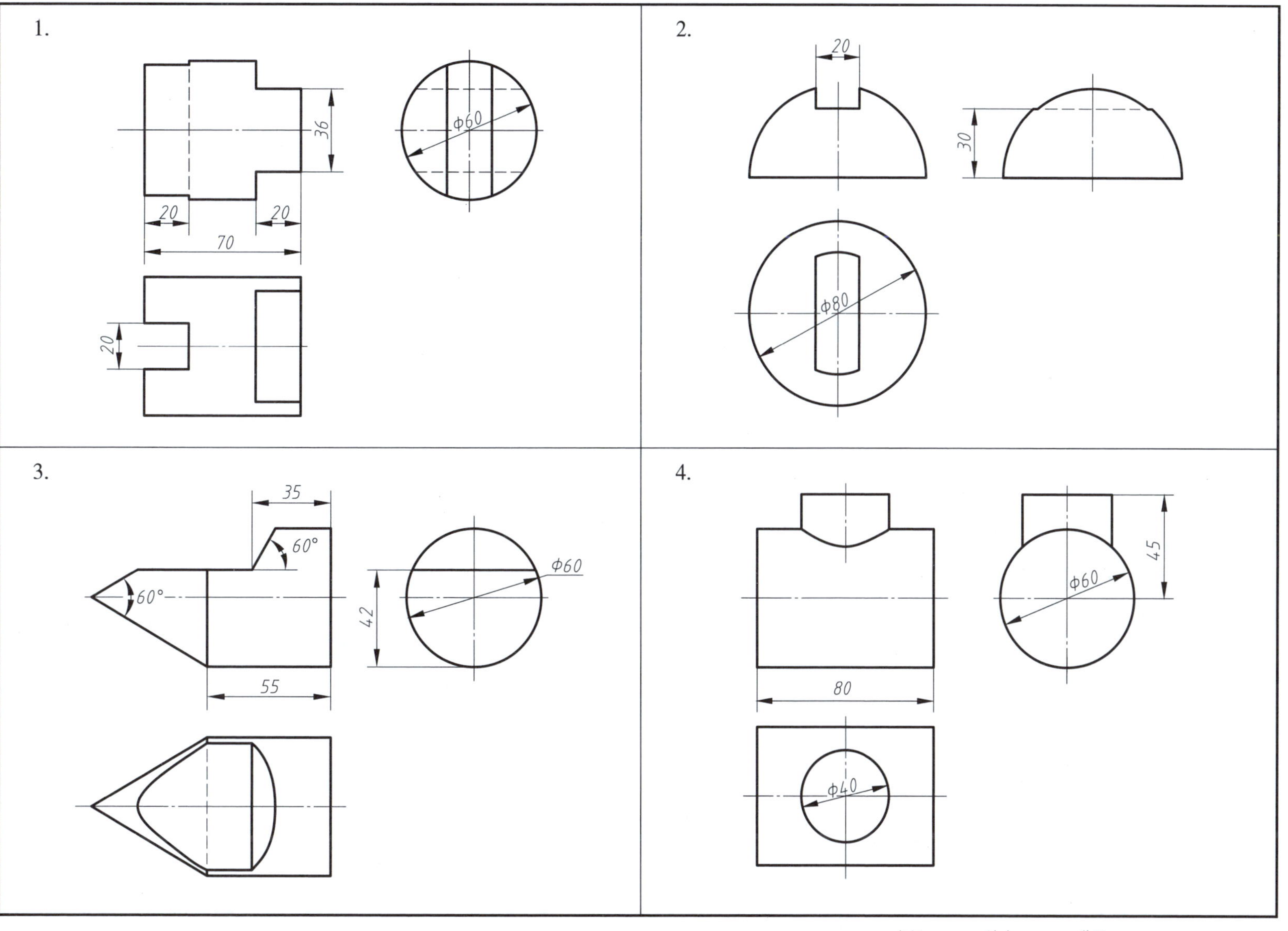

3–6　绘制三视图（六）

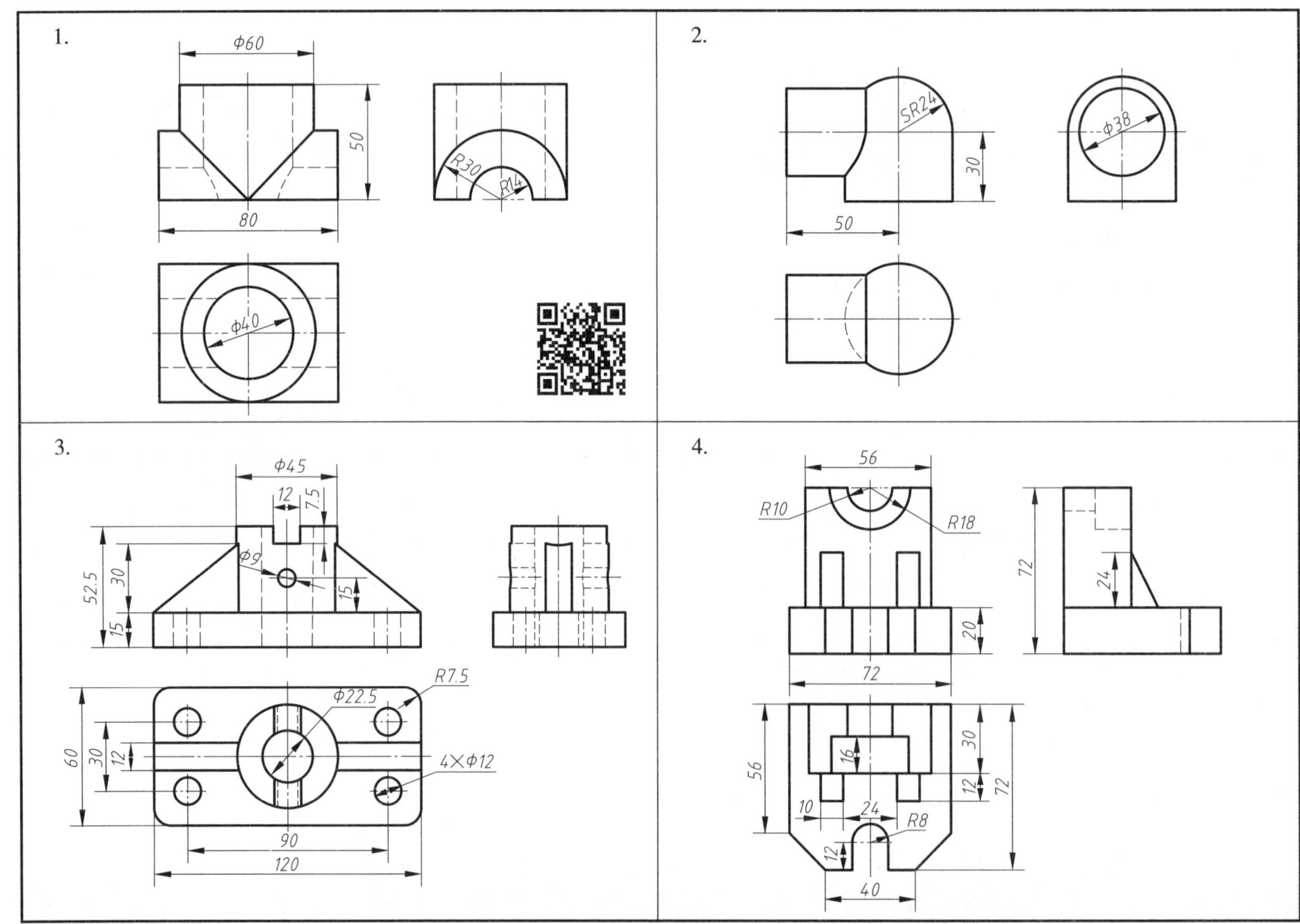

　　班级　　姓名　　学号

3-7 绘制俯视图、左视图，求作主视图

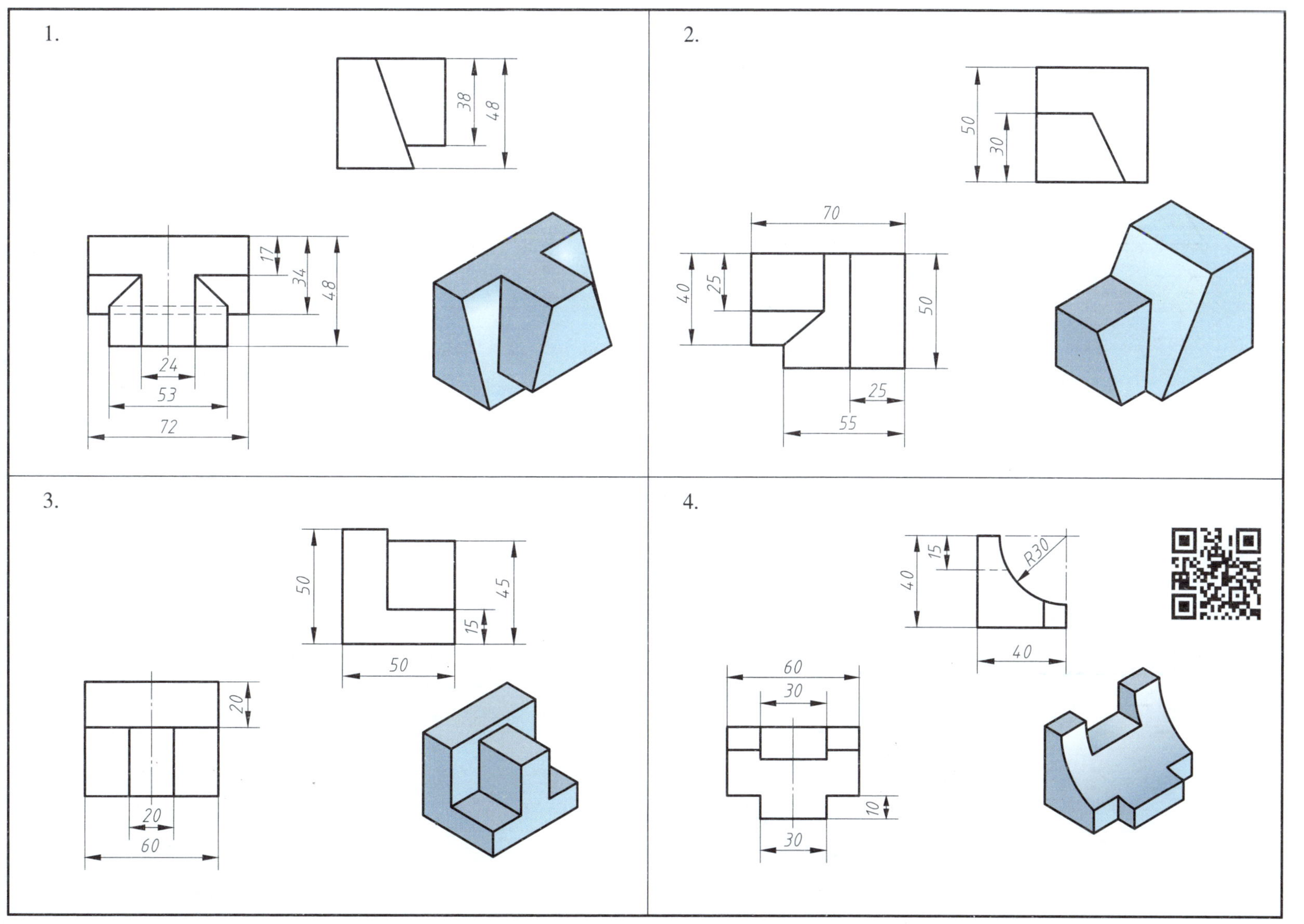

3-8 绘制主视图、左视图，求作俯视图（一）

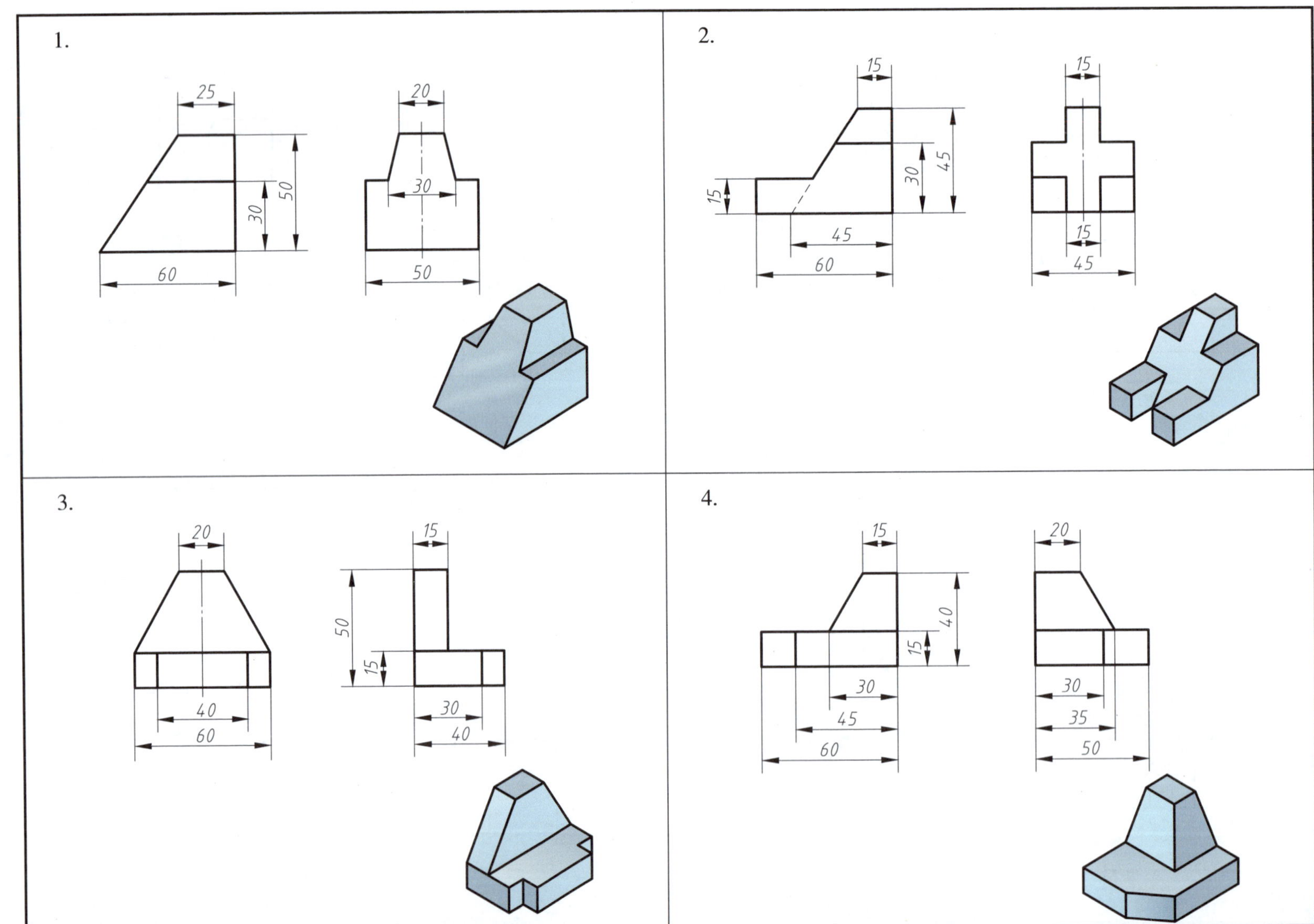

 班级　　姓名　　学号

3-9 绘制主视图、左视图，求作俯视图（二）

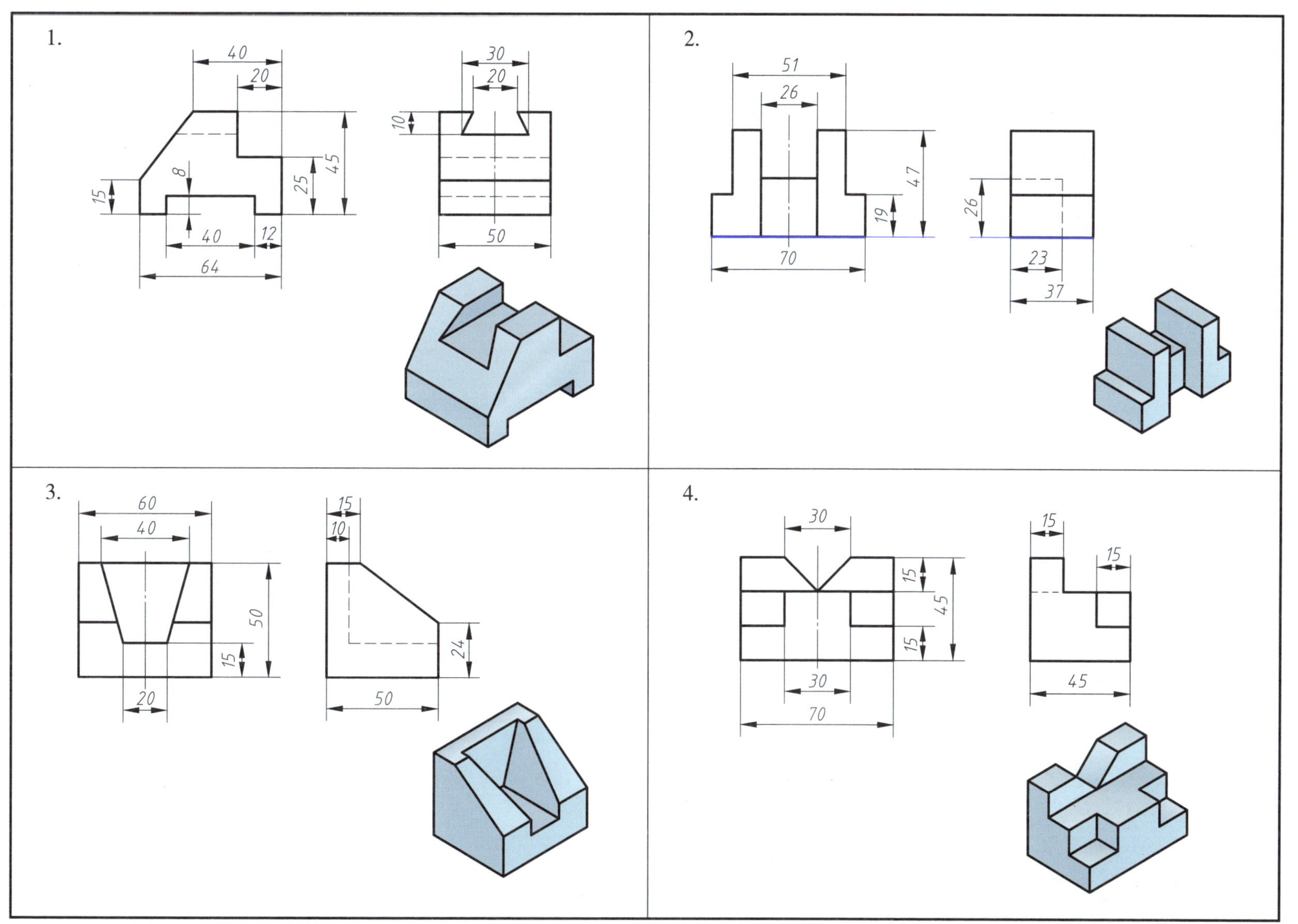

3–10 绘制主视图、左视图，求作俯视图（三）

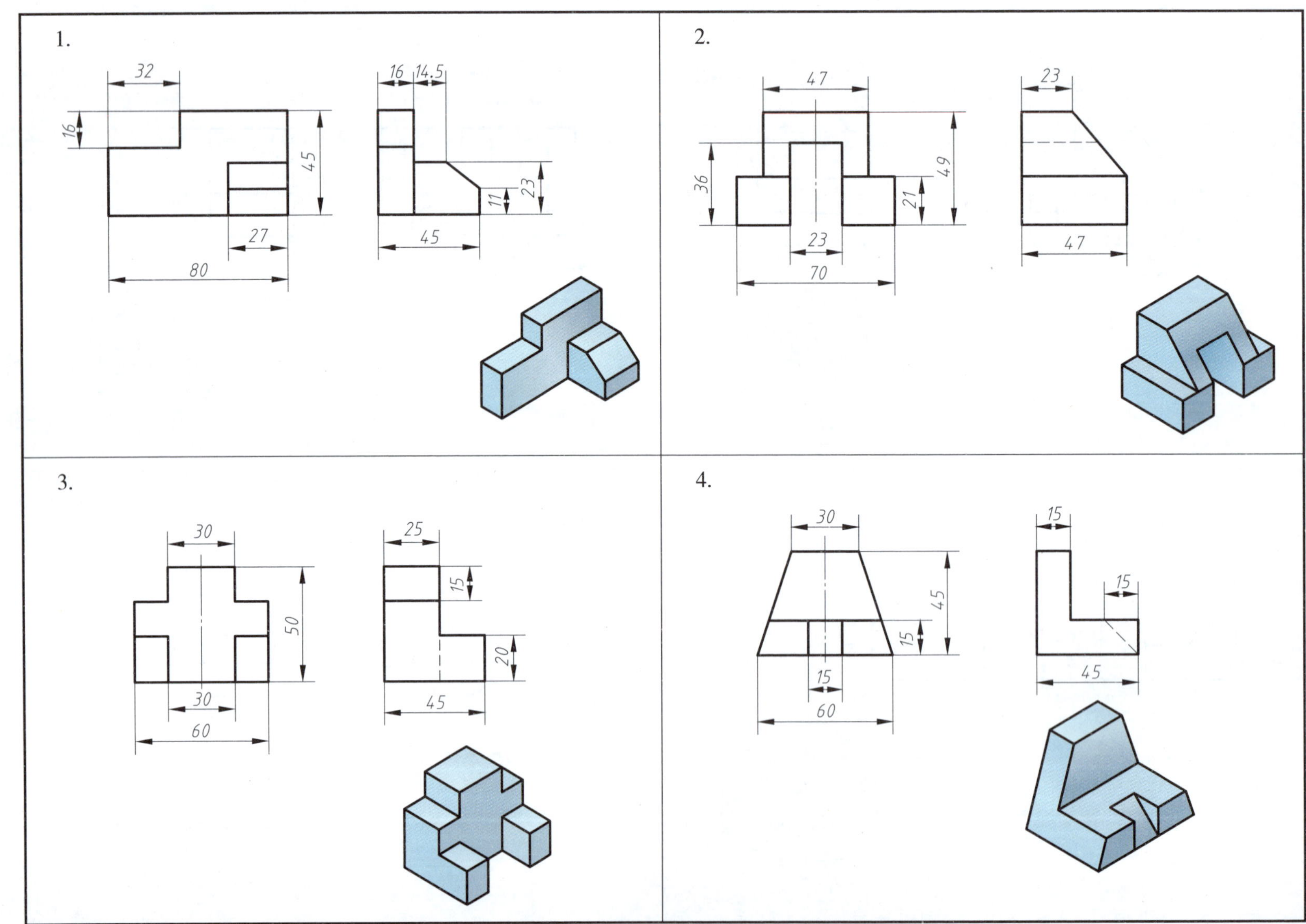

 班级　　姓名　　学号

3-11 绘制主视图、俯视图，求作左视图（一）

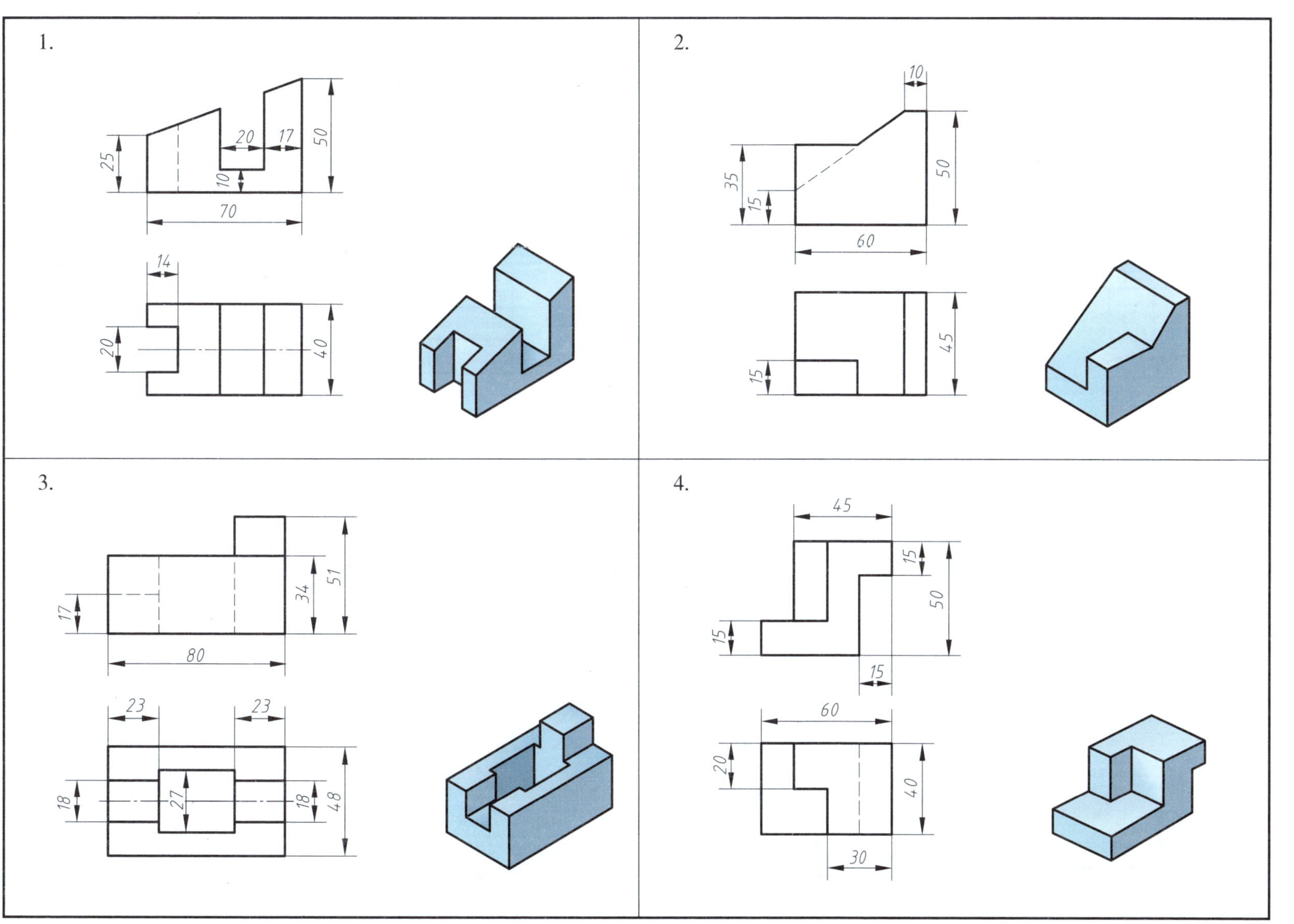

3–12 绘制主视图、俯视图，求作左视图（二）

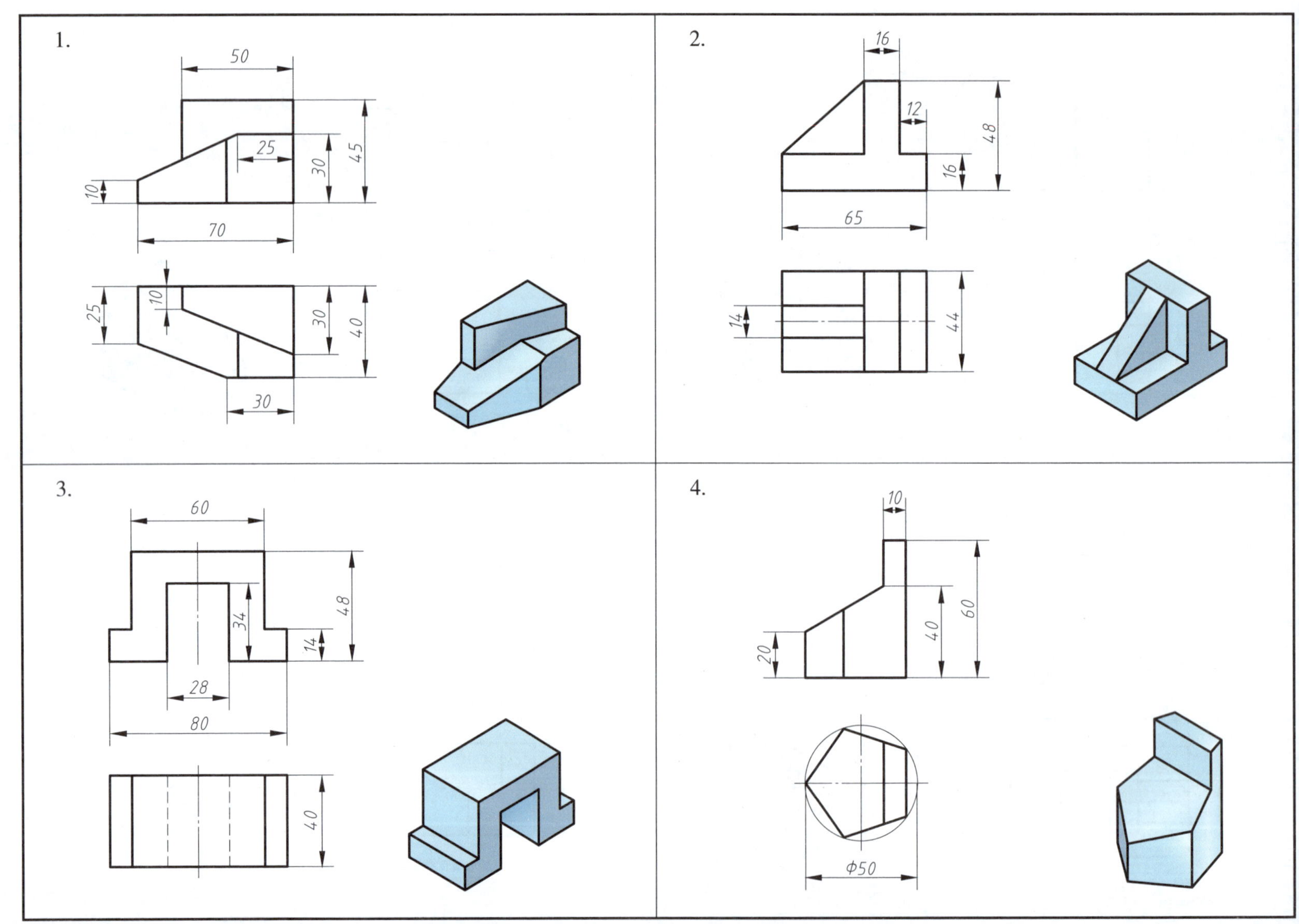

 班级 姓名 学号

第四章 绘制轴测图

4-1 绘制正等轴测图（一）

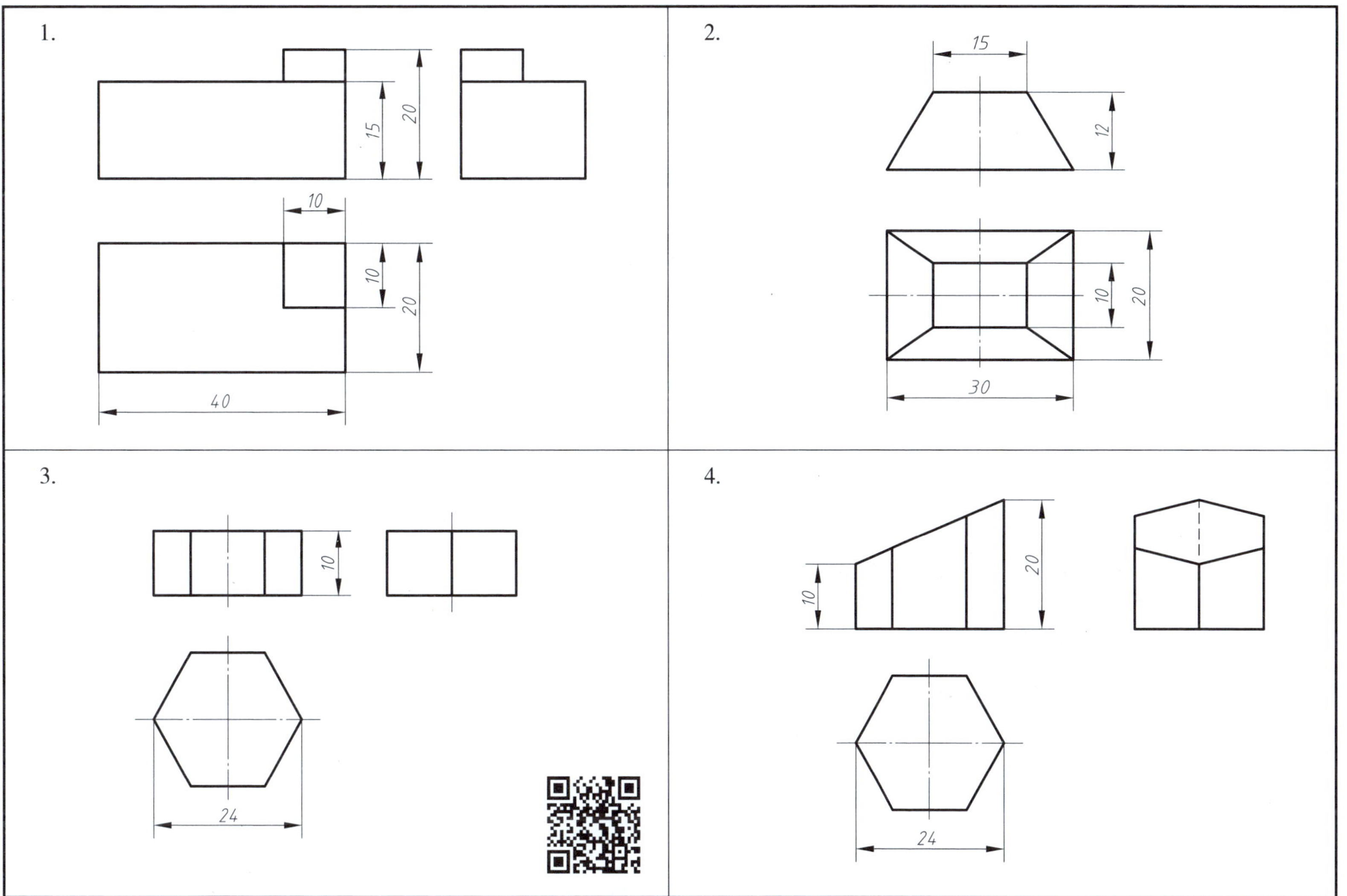

4-2 绘制正等轴测图（二）

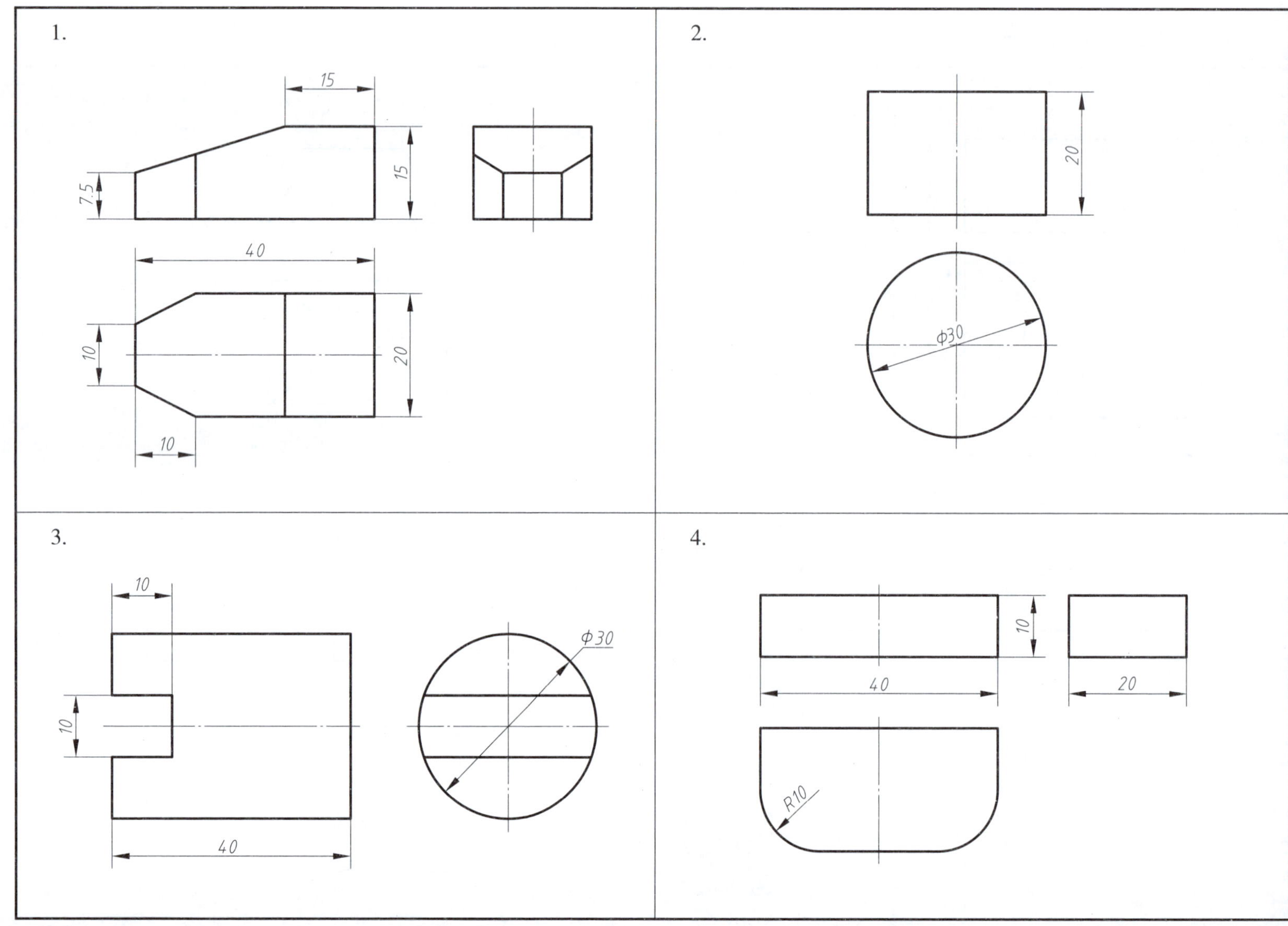

 班级 姓名 学号

4-3 绘制正等轴测图（三）

1.
R15
Φ16
20
10
2.
8
10
15
4
9.5
40
12
20
25
3.
60°
Φ30
4.
R15
20
20
40

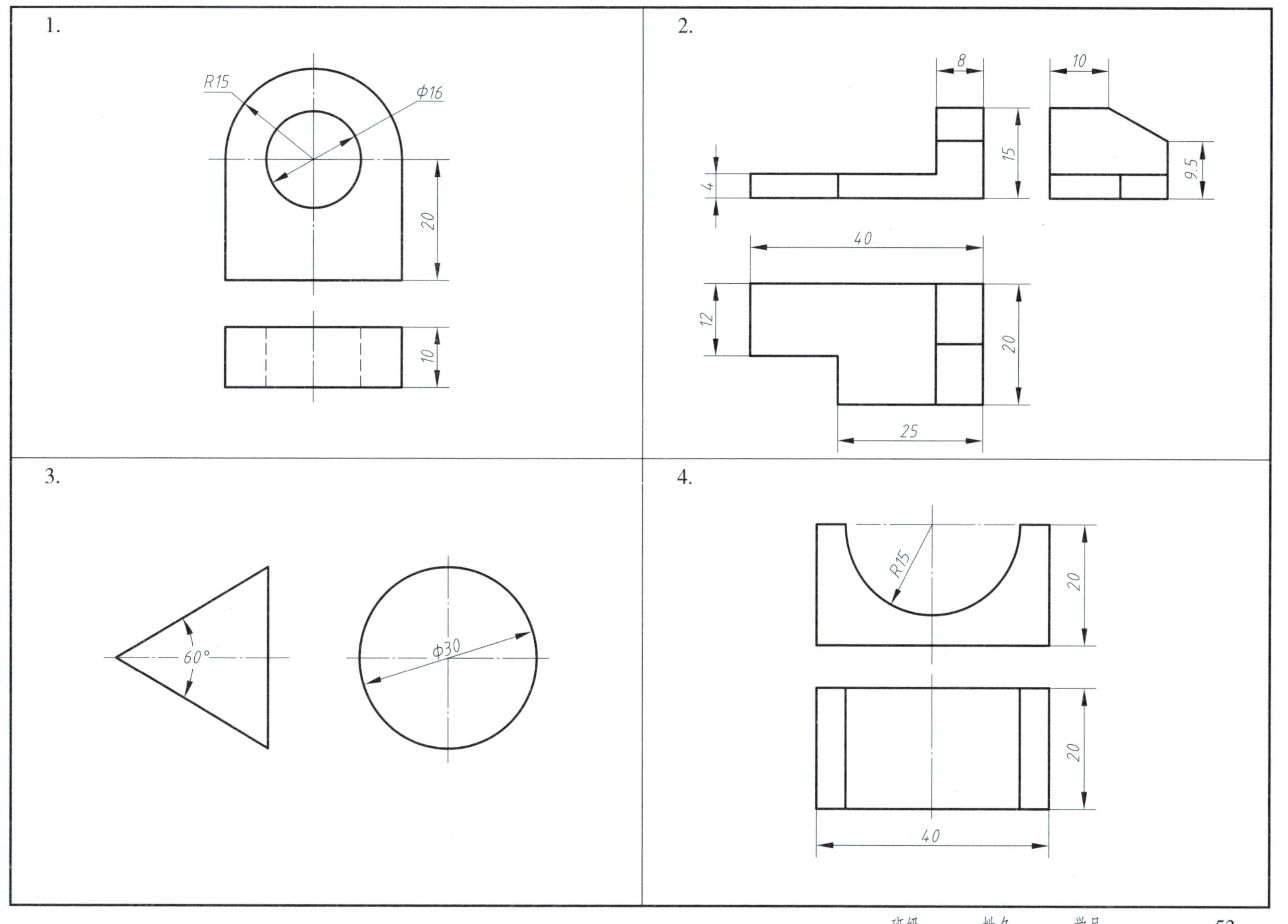

4-4 绘制正等轴测图（四）

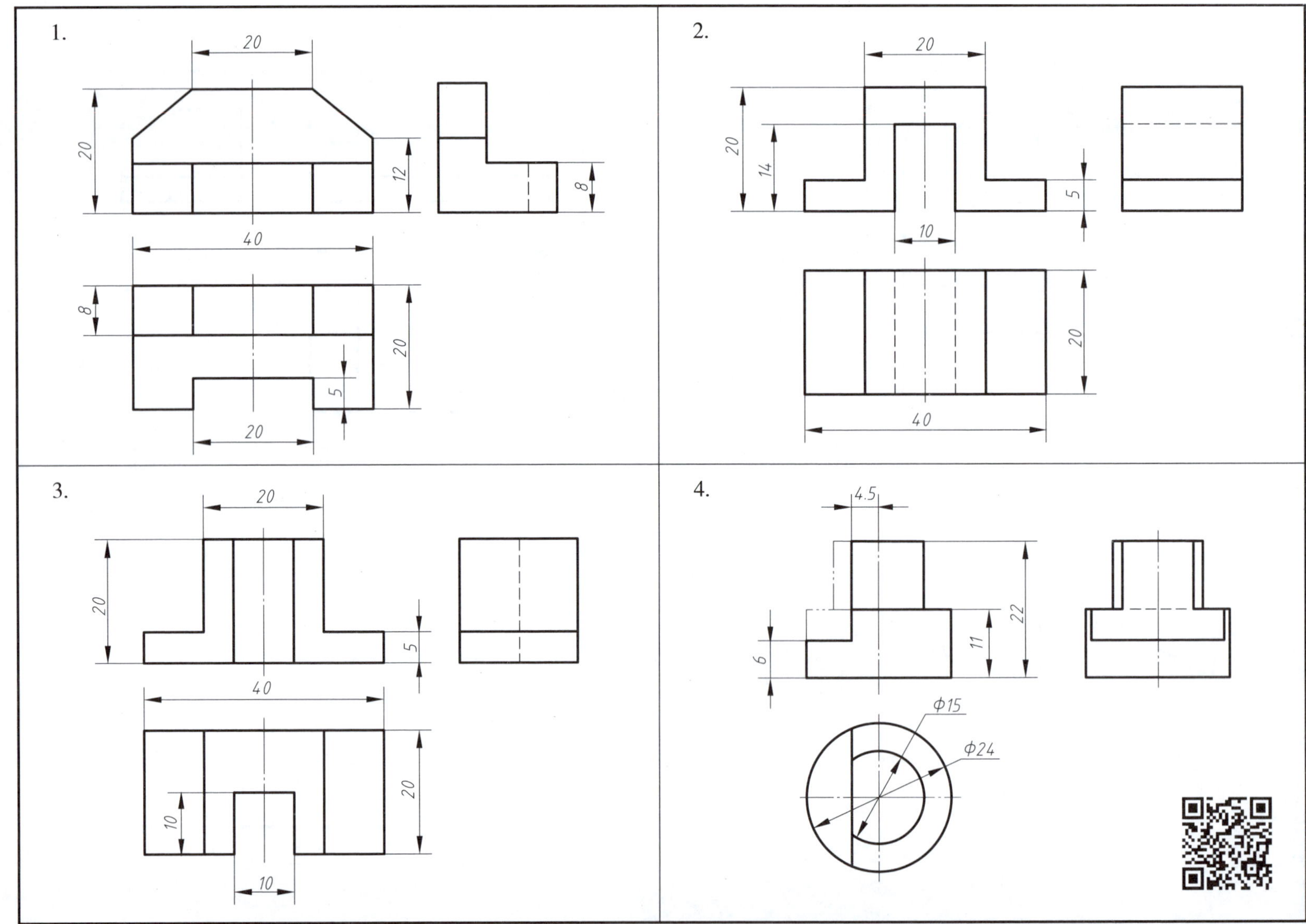

 班级 姓名 学号

4-5 绘制斜二等轴测图（一）

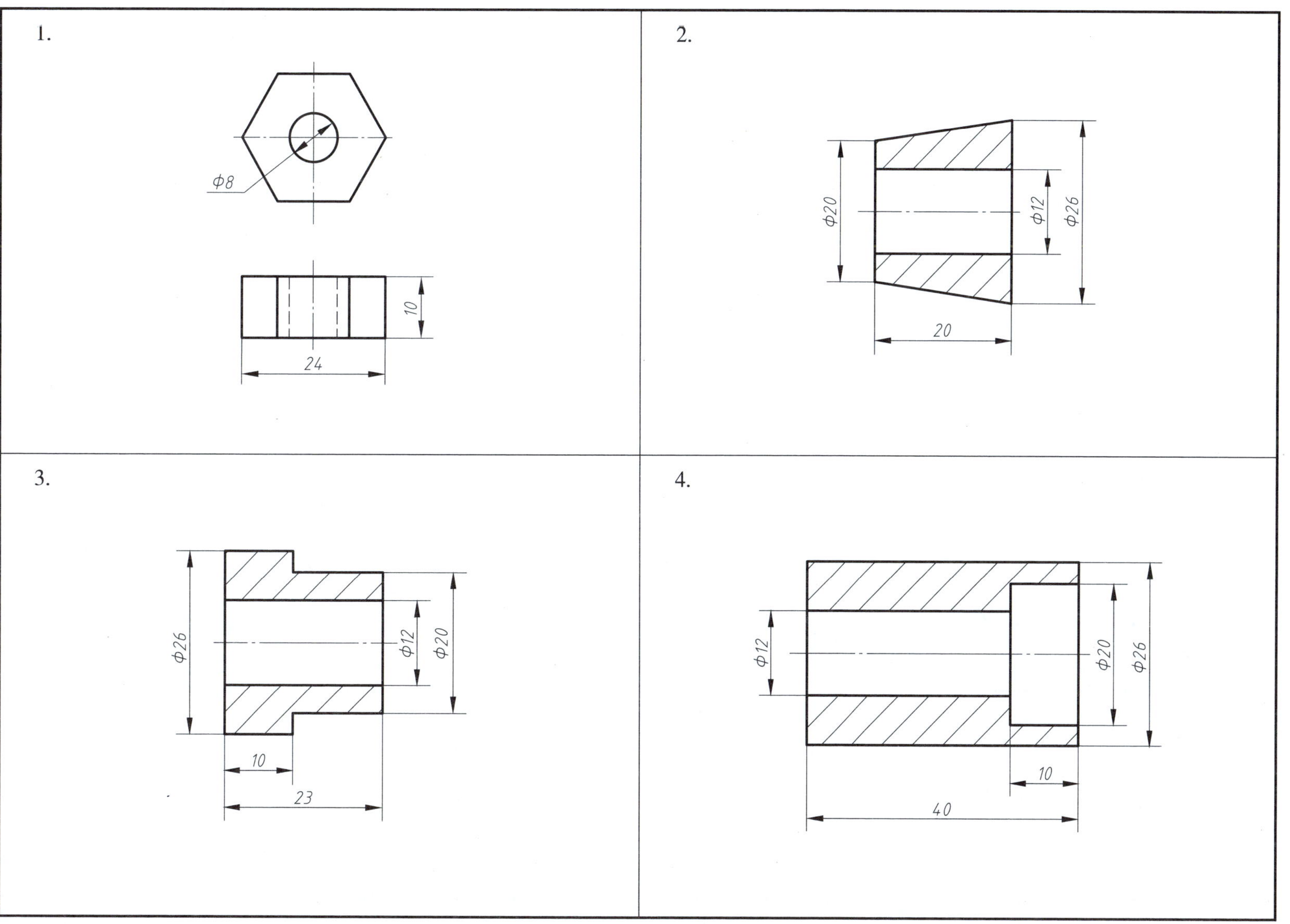

4-6 绘制斜二等轴测图（二）

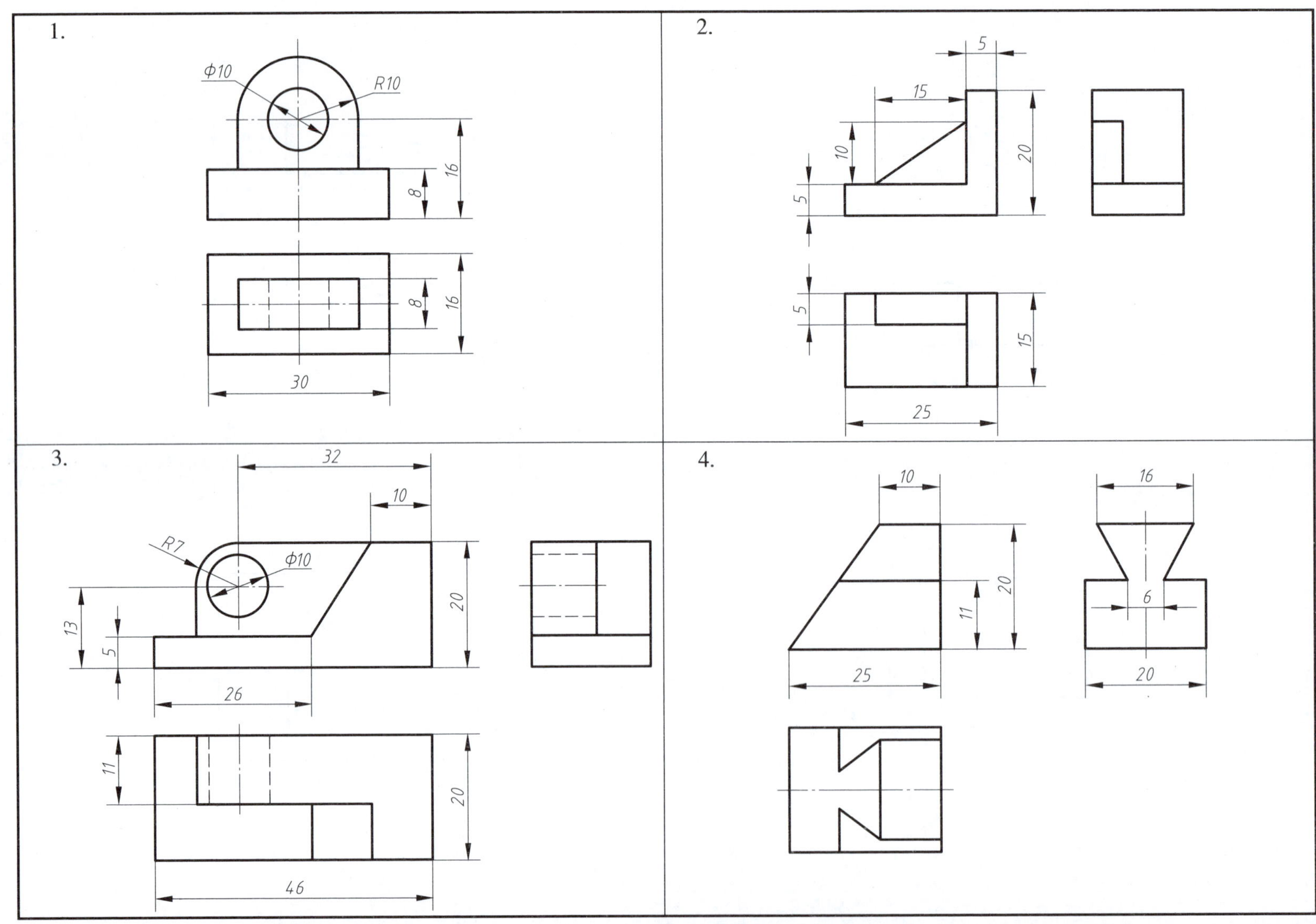

 班级 姓名 学号

第五章　绘制剖视图

5-1　绘制剖视图（一）

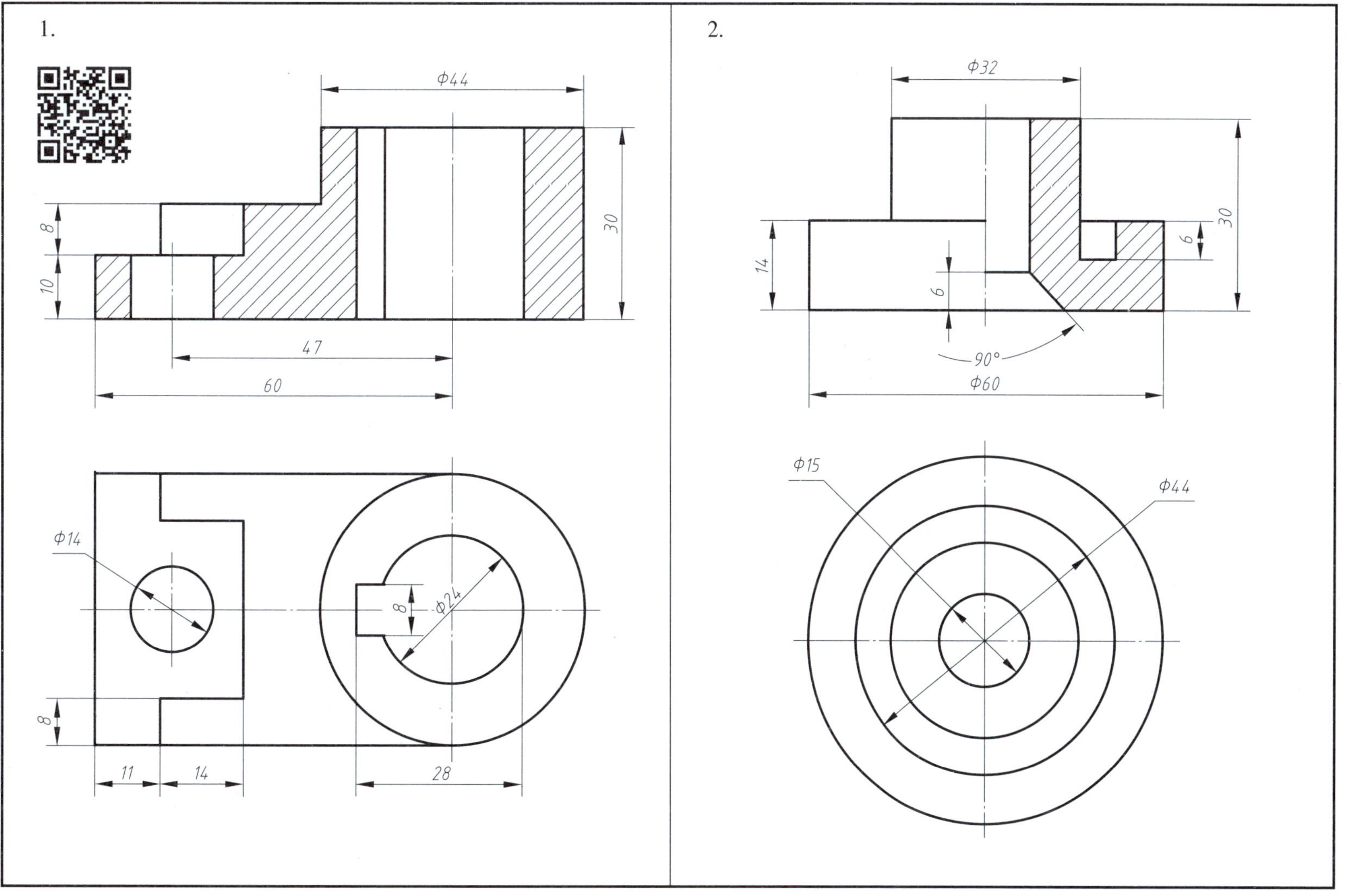

1.
Φ44
32
18
4
8
70
Φ12
2×Φ8
R10
Φ28
2×Φ14
Φ18
2.
Φ60
A
A
16
32
16
8
Φ24
A—A
Φ48
16
Φ10

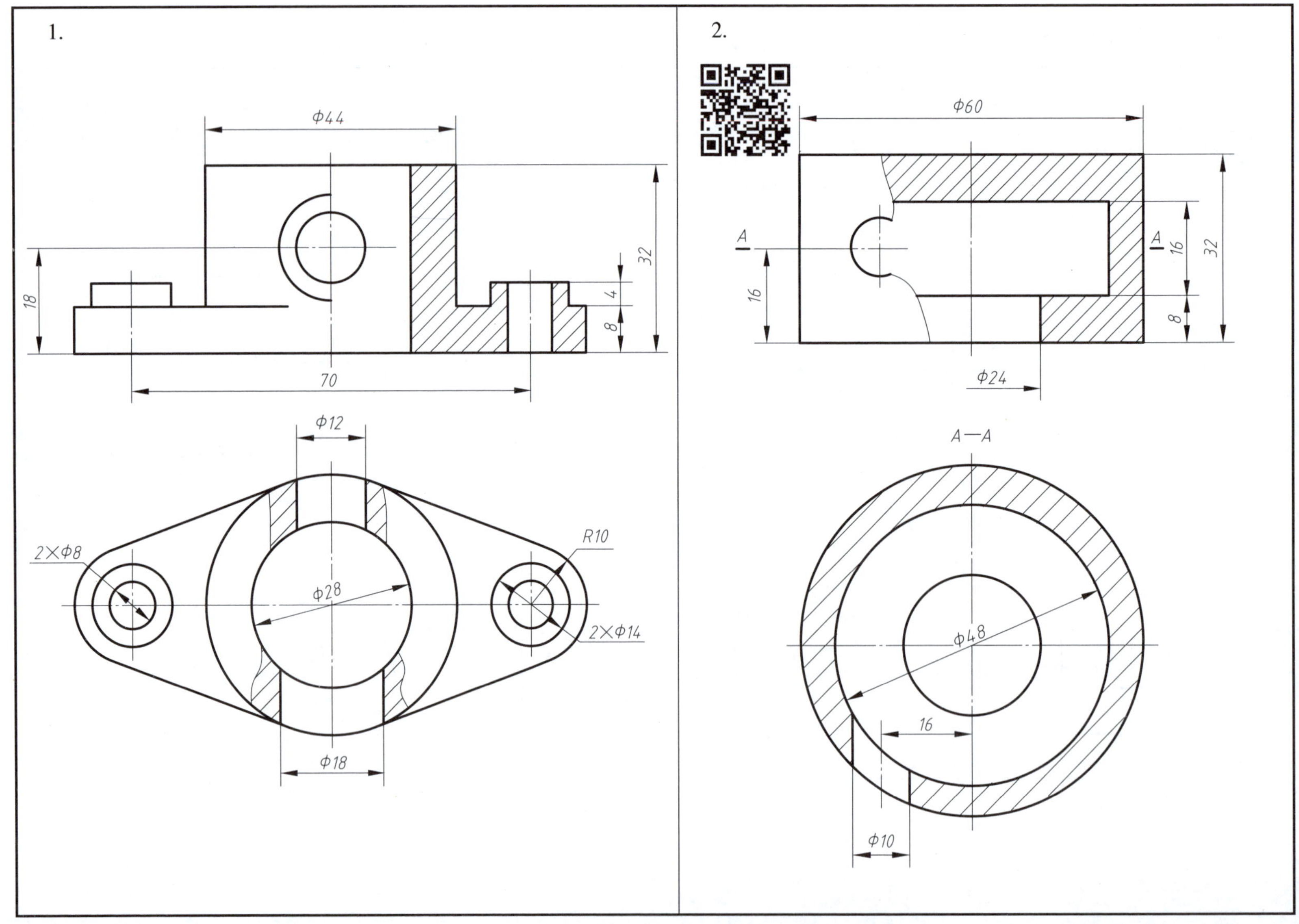

 班级 姓名 学号

5-3 绘制剖视图（三）

1.
Φ35
Φ18
R10
30
21
15
30
Φ28
5
Φ8
21
5
21
3
Φ13
2.
Φ16
Φ16
11
42
8
24
Φ16
12
11
27
20
R12
Φ8
R8
16
R24

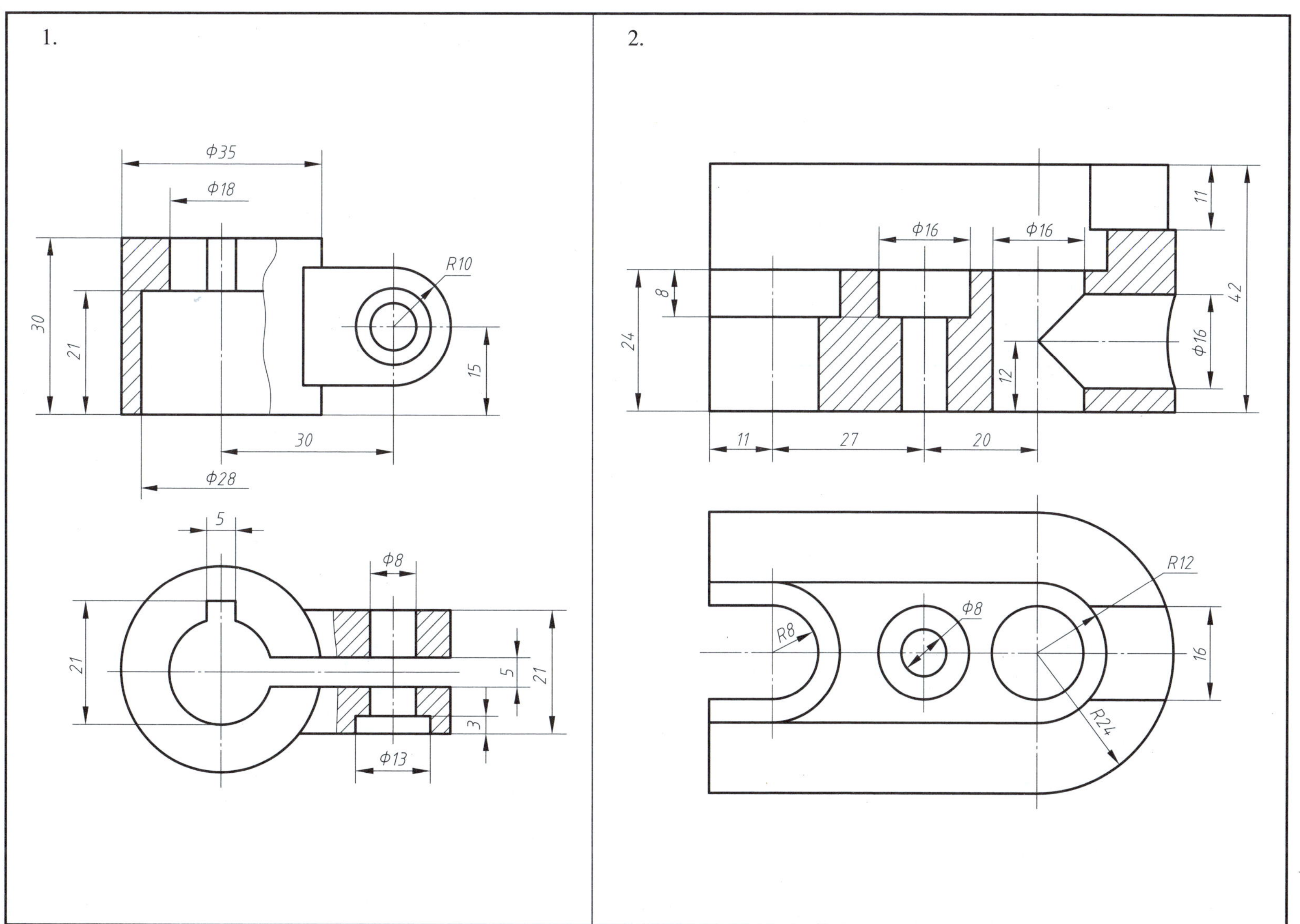

5-4 绘制剖视图（四）

1.

2.

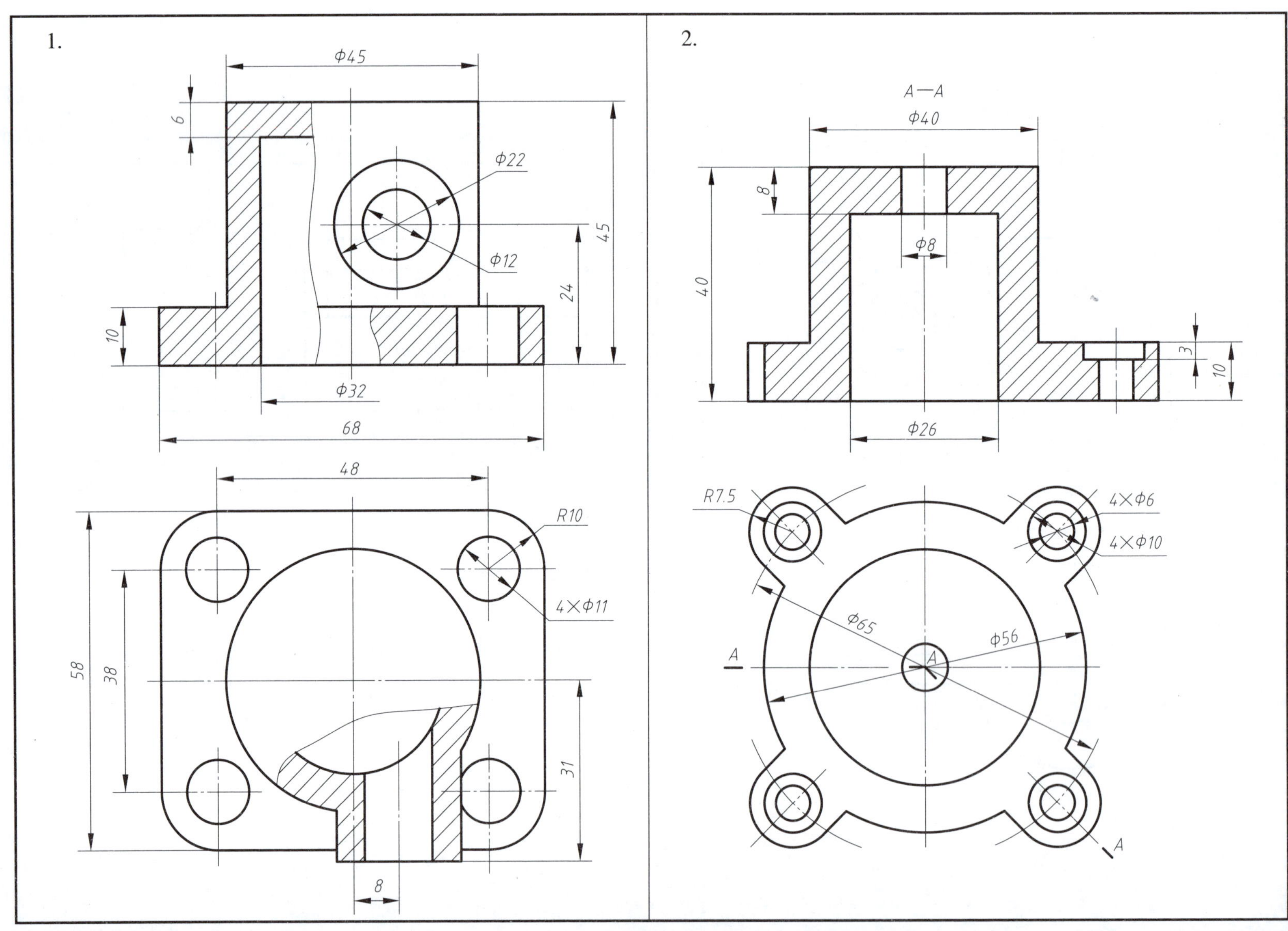

  班级 姓名 学号

5-5 绘制剖视图（五）

1.
A—A
Φ36
Φ24
2×Φ6.4
2×Φ12
24
17.6
7.6
22
8.8
17.6
40.8
49.6
33.6
20
R34
R6
A
2.
R14
Φ5.5
R6
R17
R10
60°
4
56
A—A
44
11
22
10
2×Φ6
R3

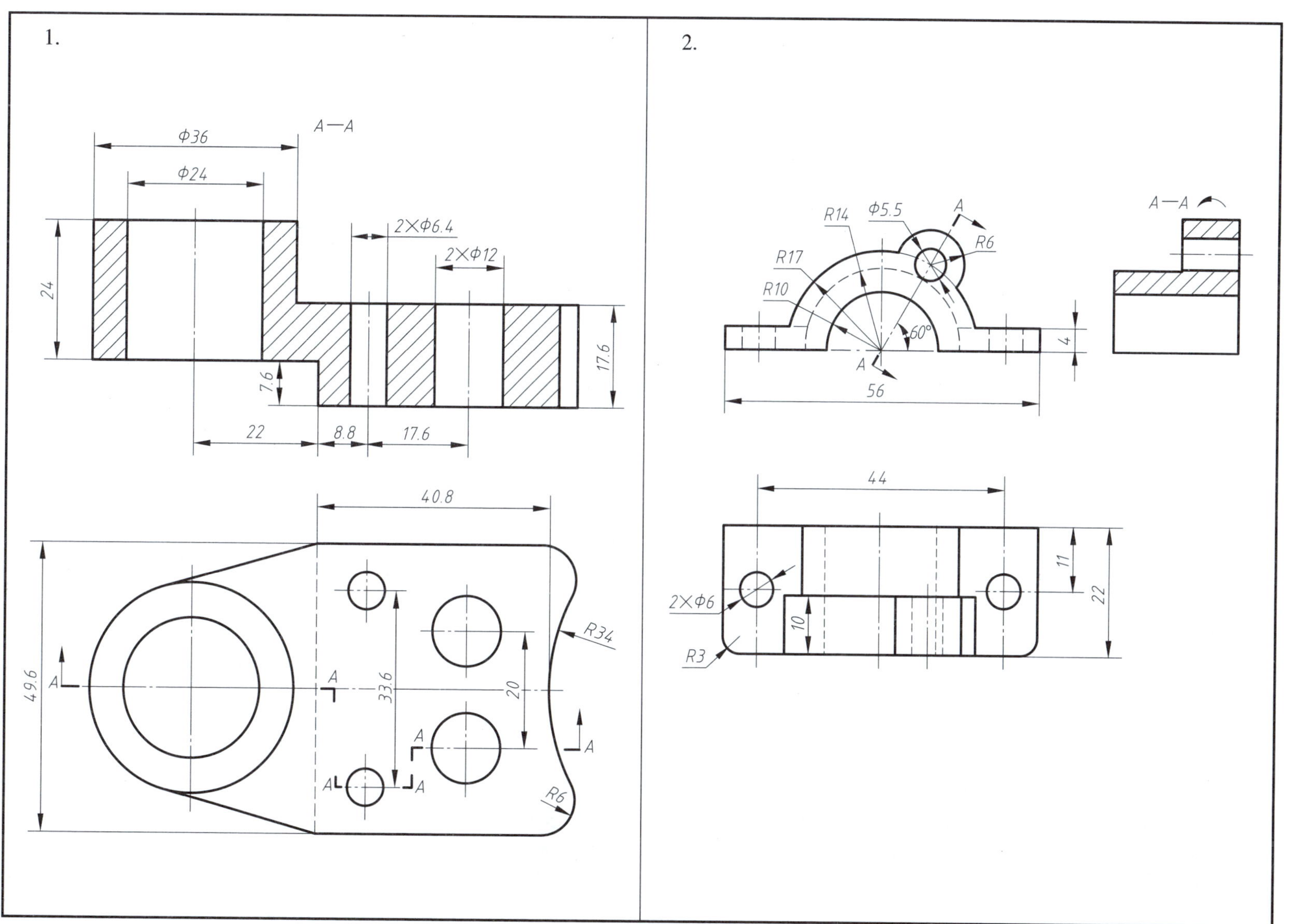

5-6 绘制断面图

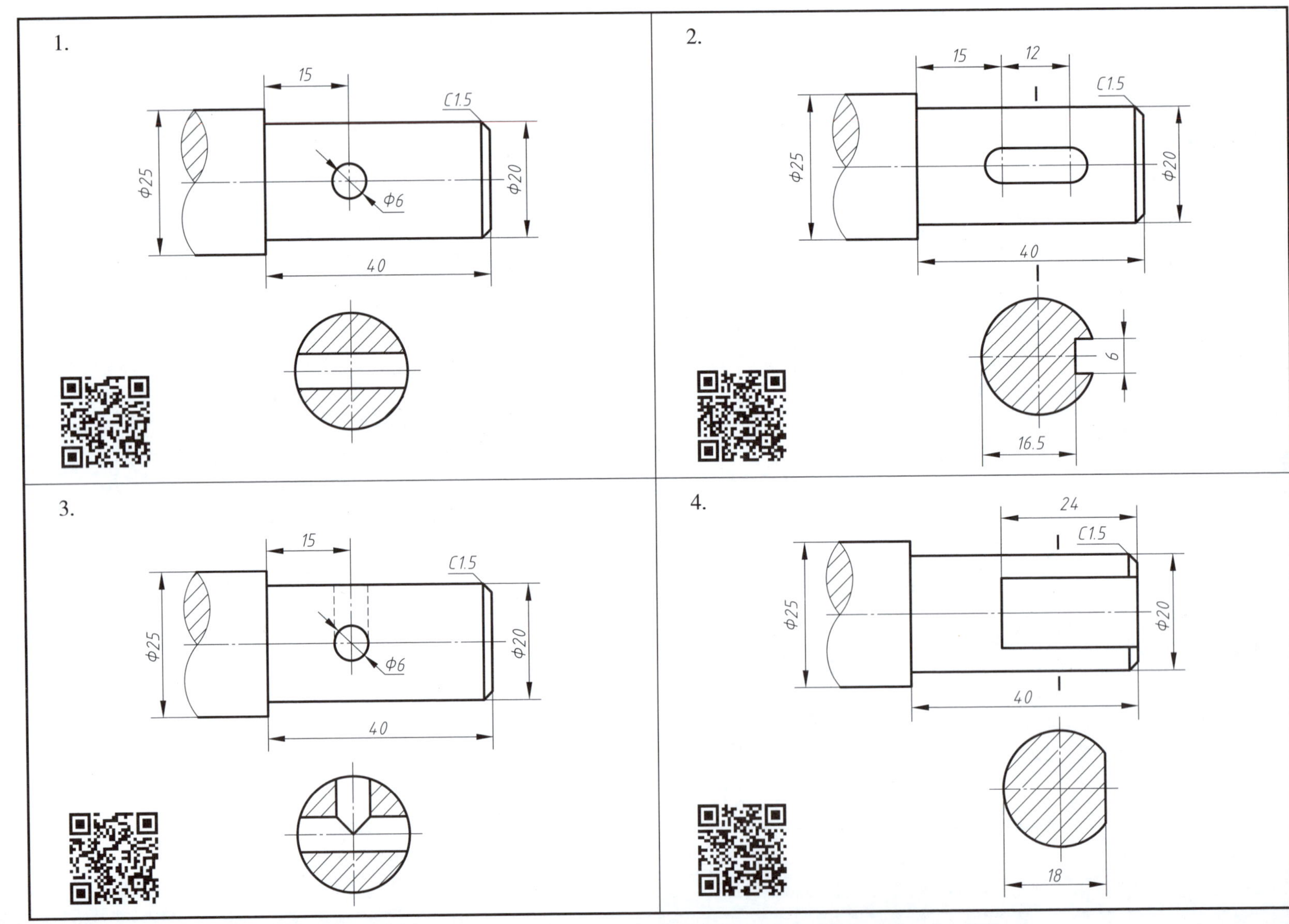

 班级 姓名 学号

第六章　标注

6-1　绘制图形并进行标注（一）

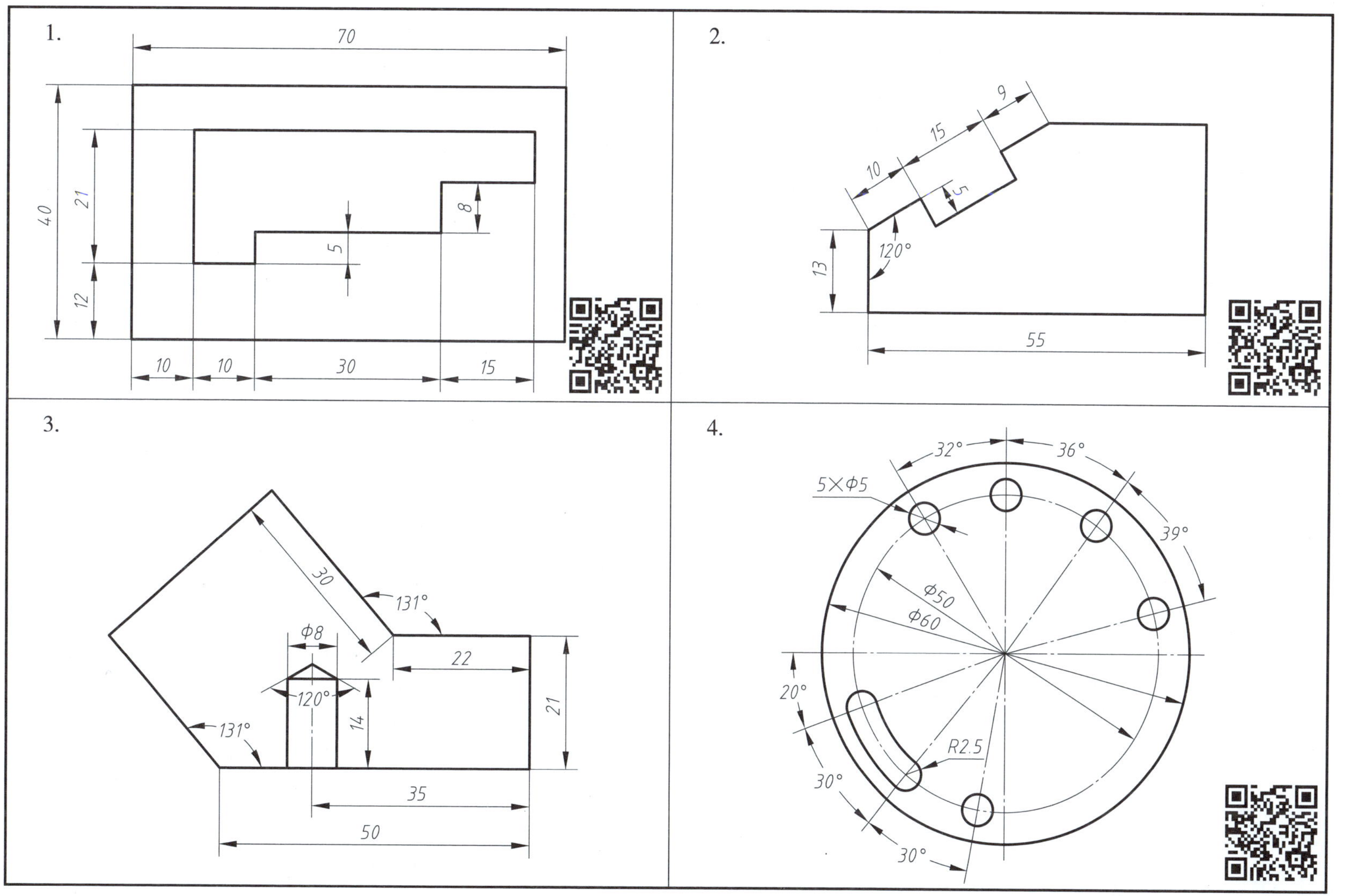

6-2 绘制图形并进行标注（二）

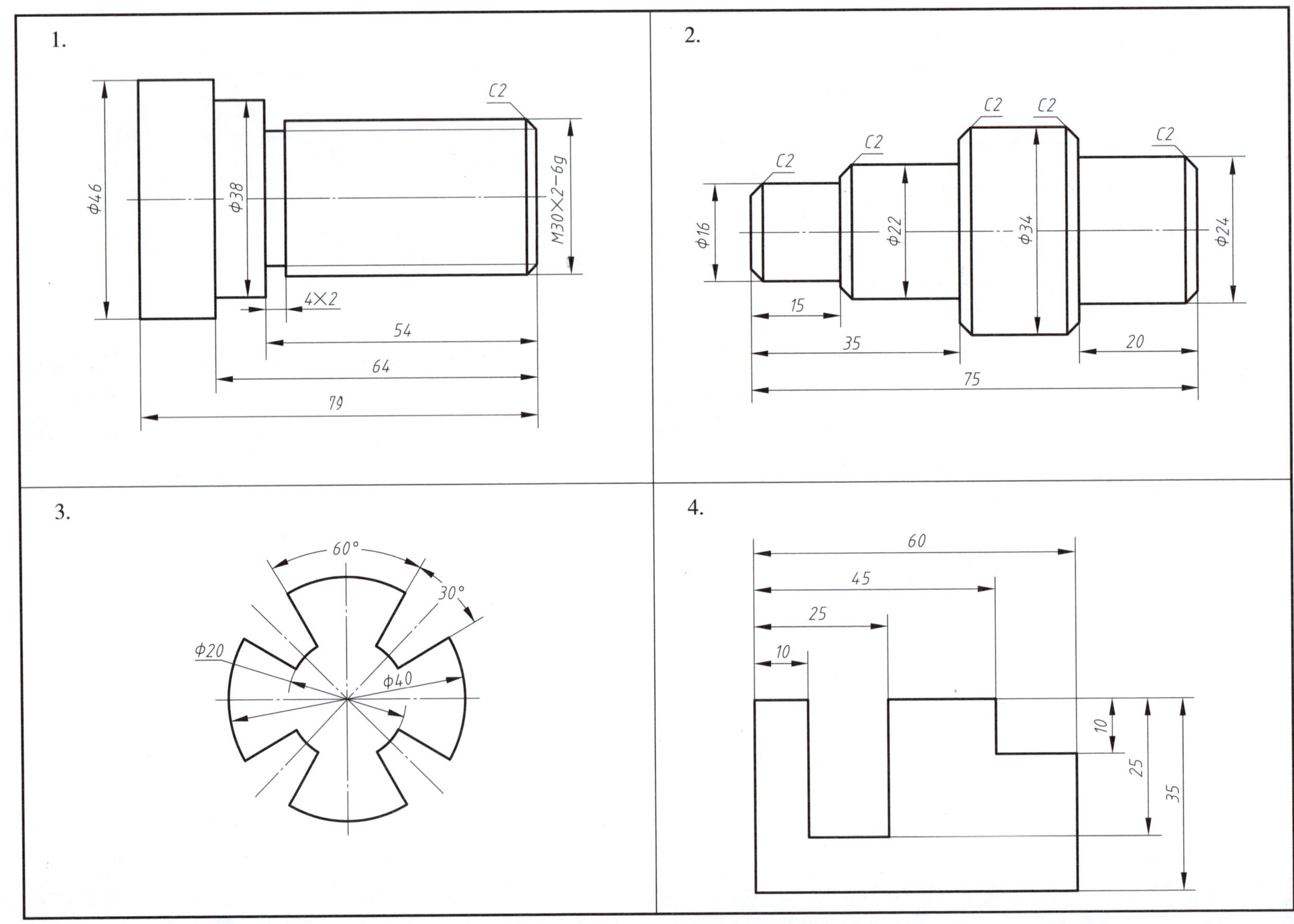

 班级 姓名 学号

6-3 绘制图形并进行标注（三）

1\.

2\.

3\.

4\.

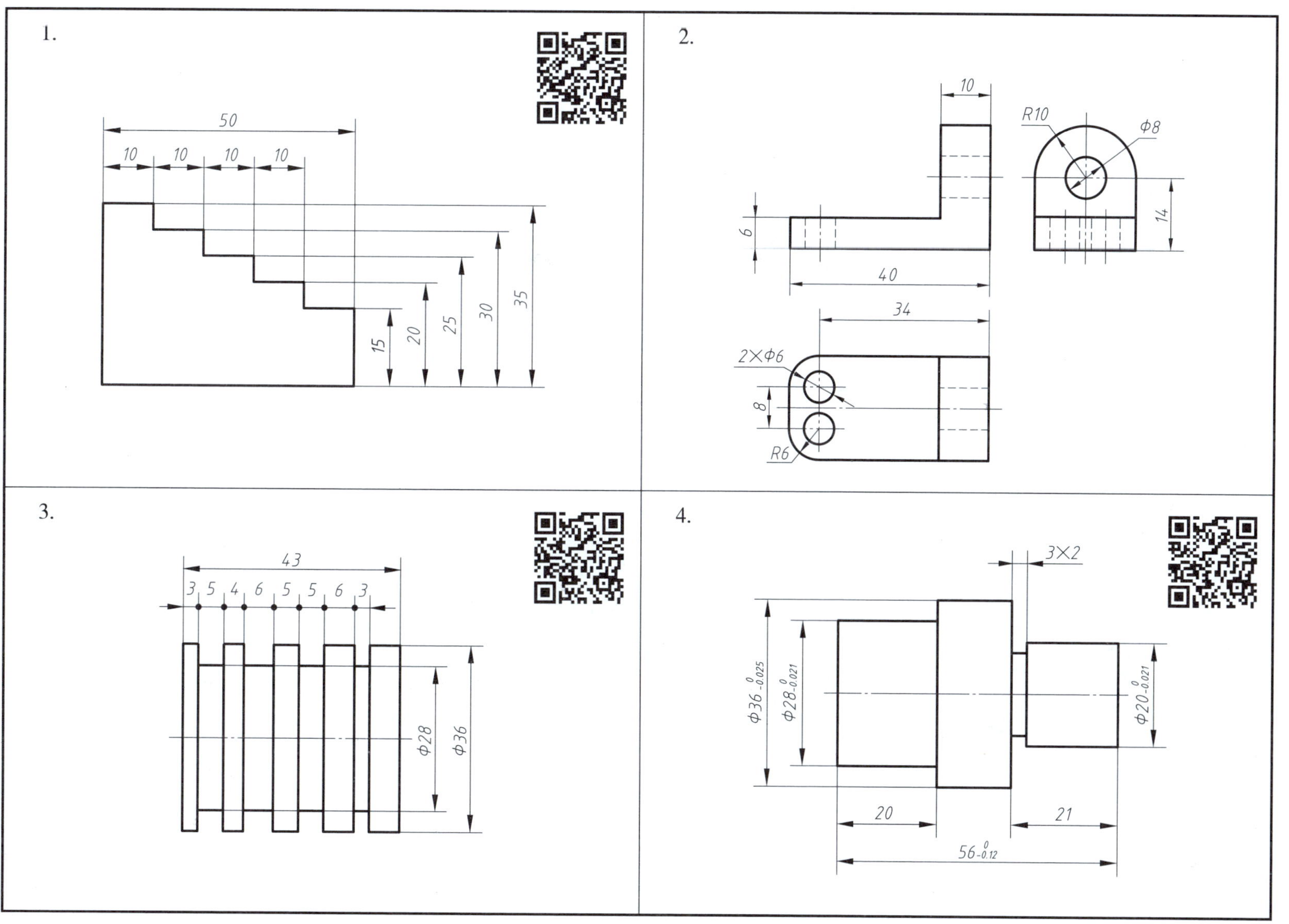

6-4　绘制图形并进行标注（四）

1.

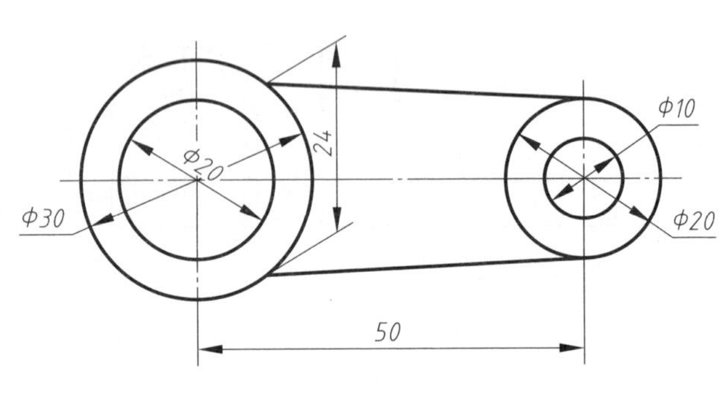

2.

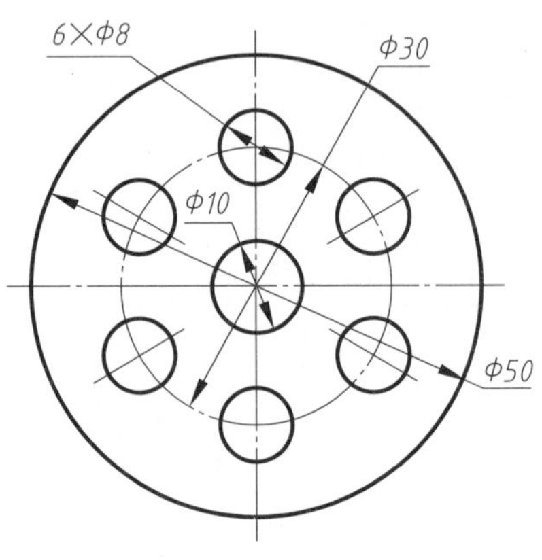

3.

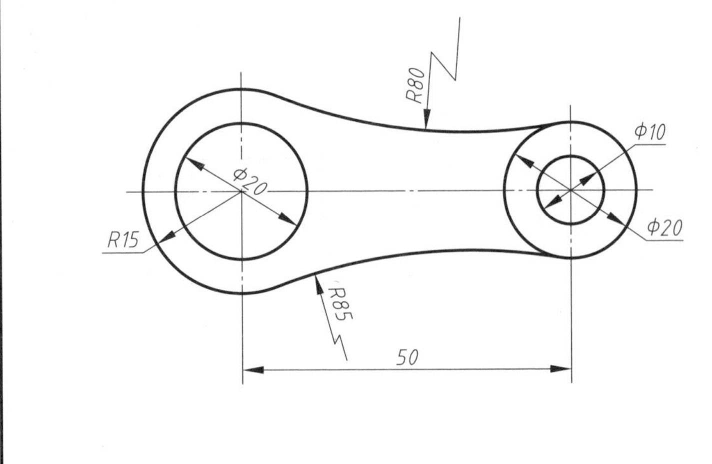

4.

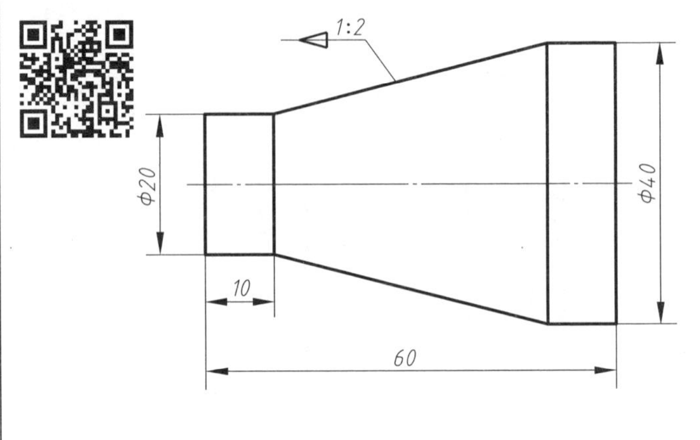

班级　　姓名　　学号

6-5 绘制图形并进行标注（五）

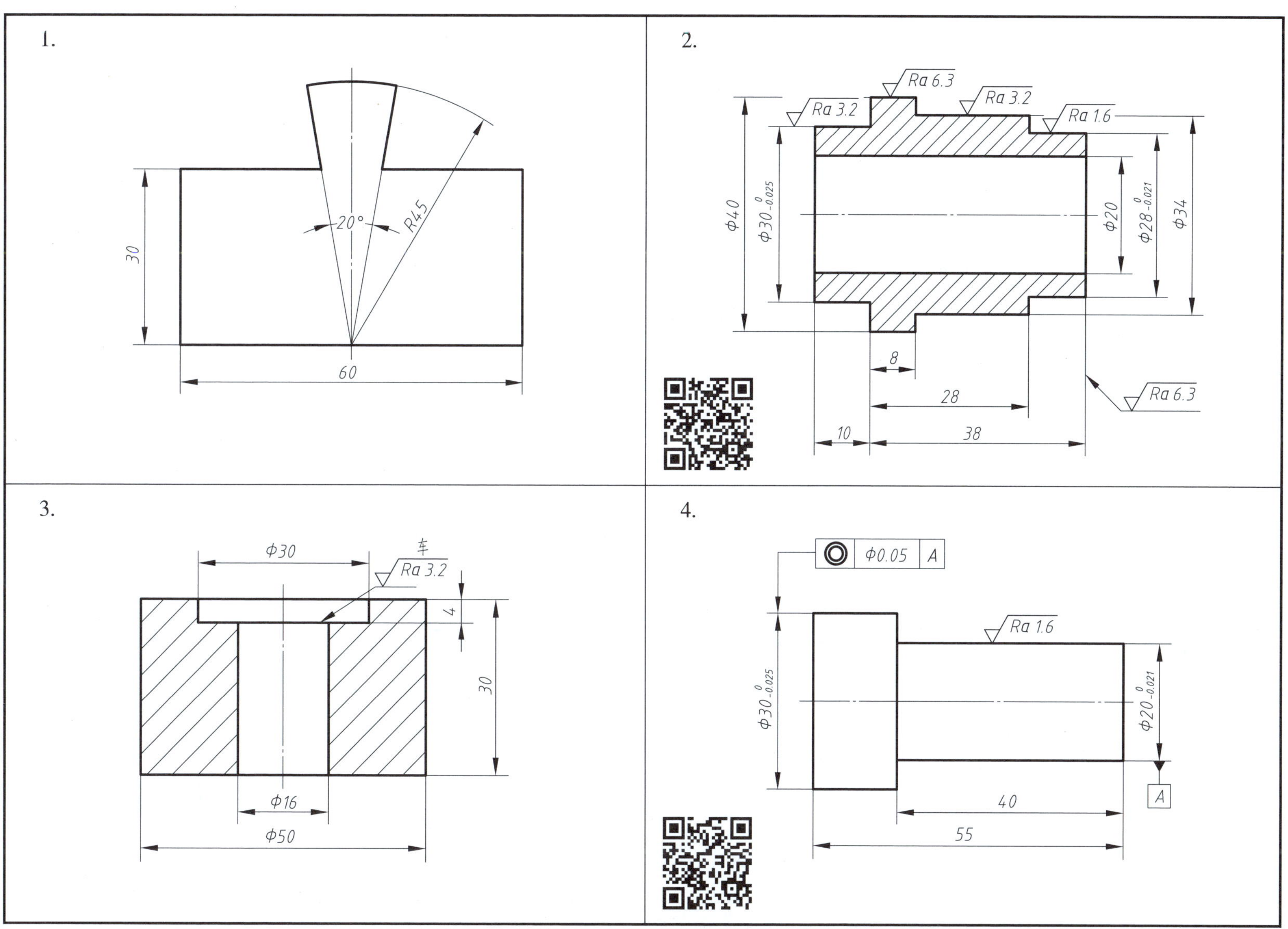

6–6　绘制图形并进行标注（六）

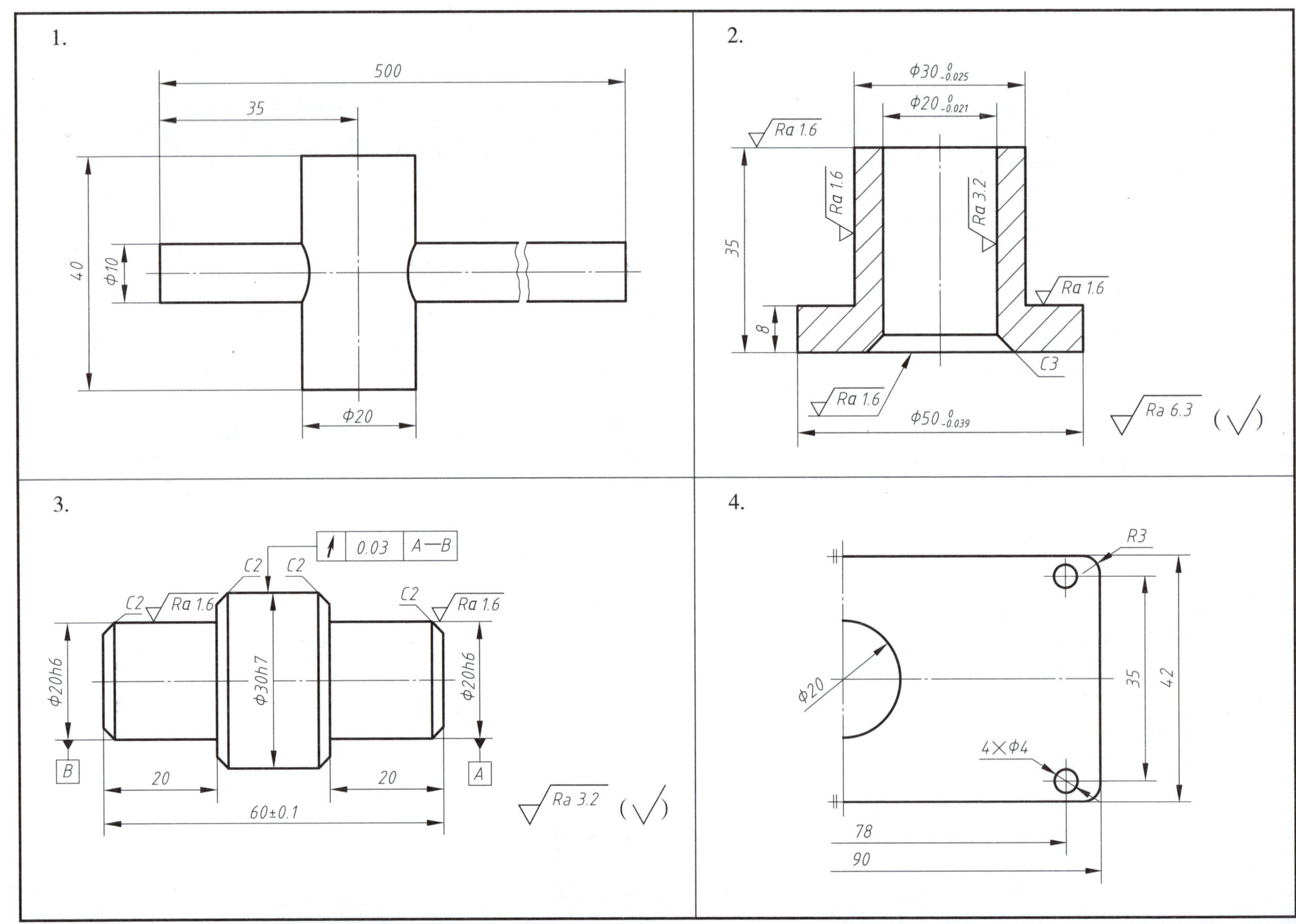

　　班级　　姓名　　学号

第七章　绘制零件图

7-1　绘制图形并标注尺寸（一）

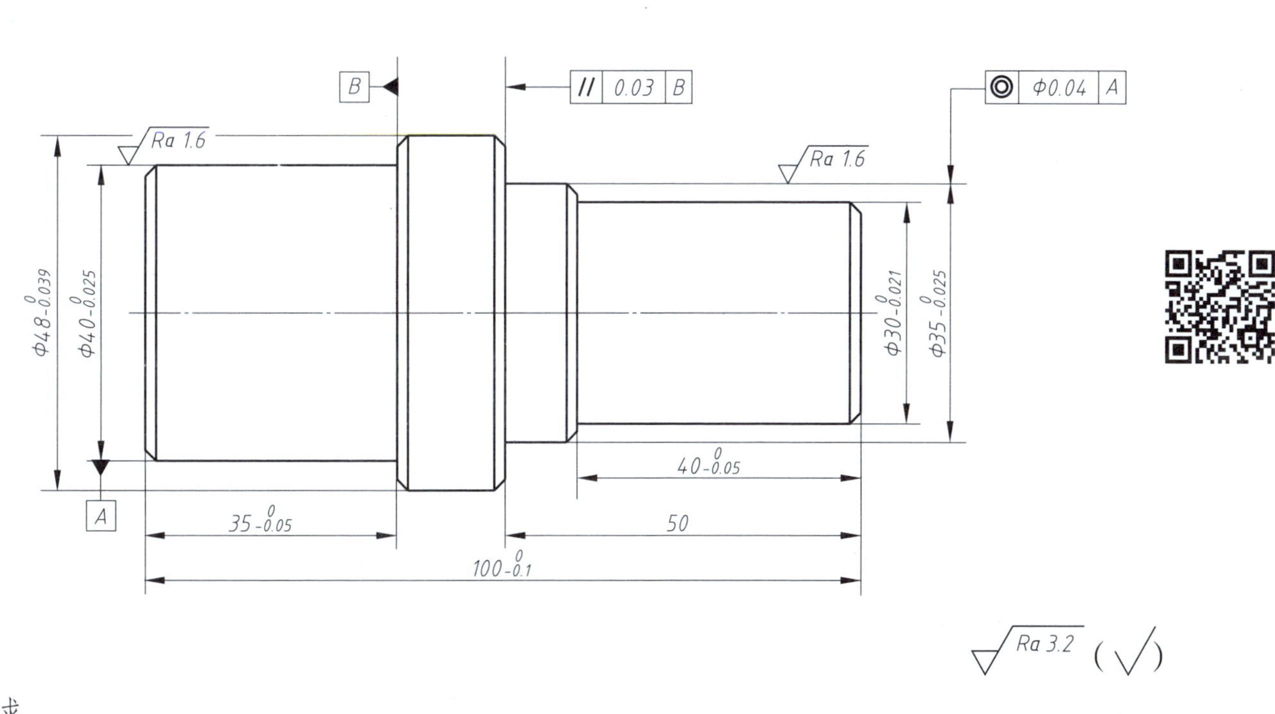

技术要求

1. 未注倒角为C1.5。
2. 未注尺寸公差按GB/T 1804—m。

台阶轴			比例	材料	数量	（图号）
				45		
制图	（签名）	（日期）	（单位名称）			
审核	（签名）	（日期）				

7-2 绘制图形并标注尺寸（二）

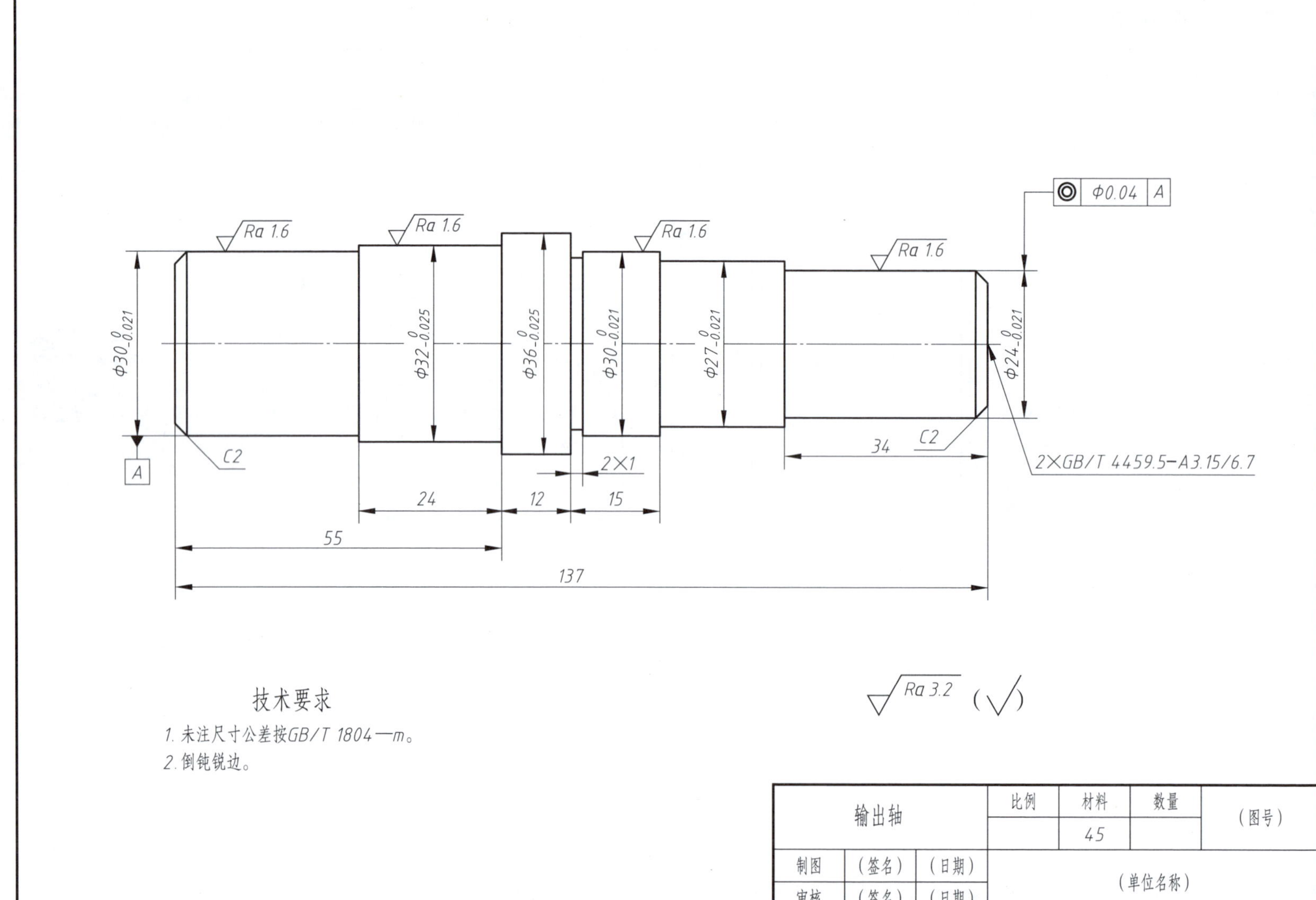

 班级 姓名 学号

7–3 绘制图形并标注尺寸（三）

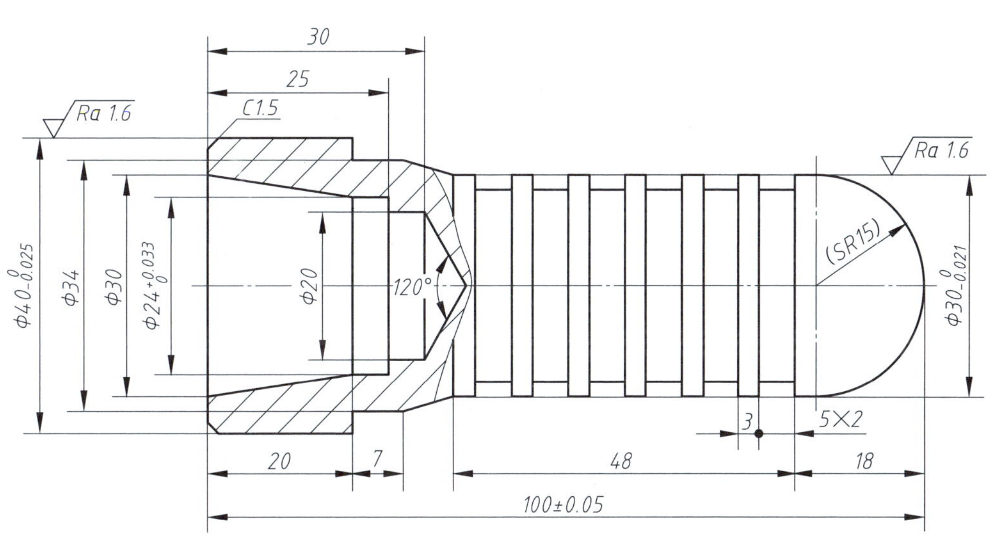

技术要求

1. 未注尺寸公差按GB/T 1804—m。
2. 去毛刺，倒钝锐边。

Ra 3.2 (√)

活塞杆			比例	材料	数量	（图号）
				45		
制图	（签名）	（日期）	（单位名称）			
审核	（签名）	（日期）				

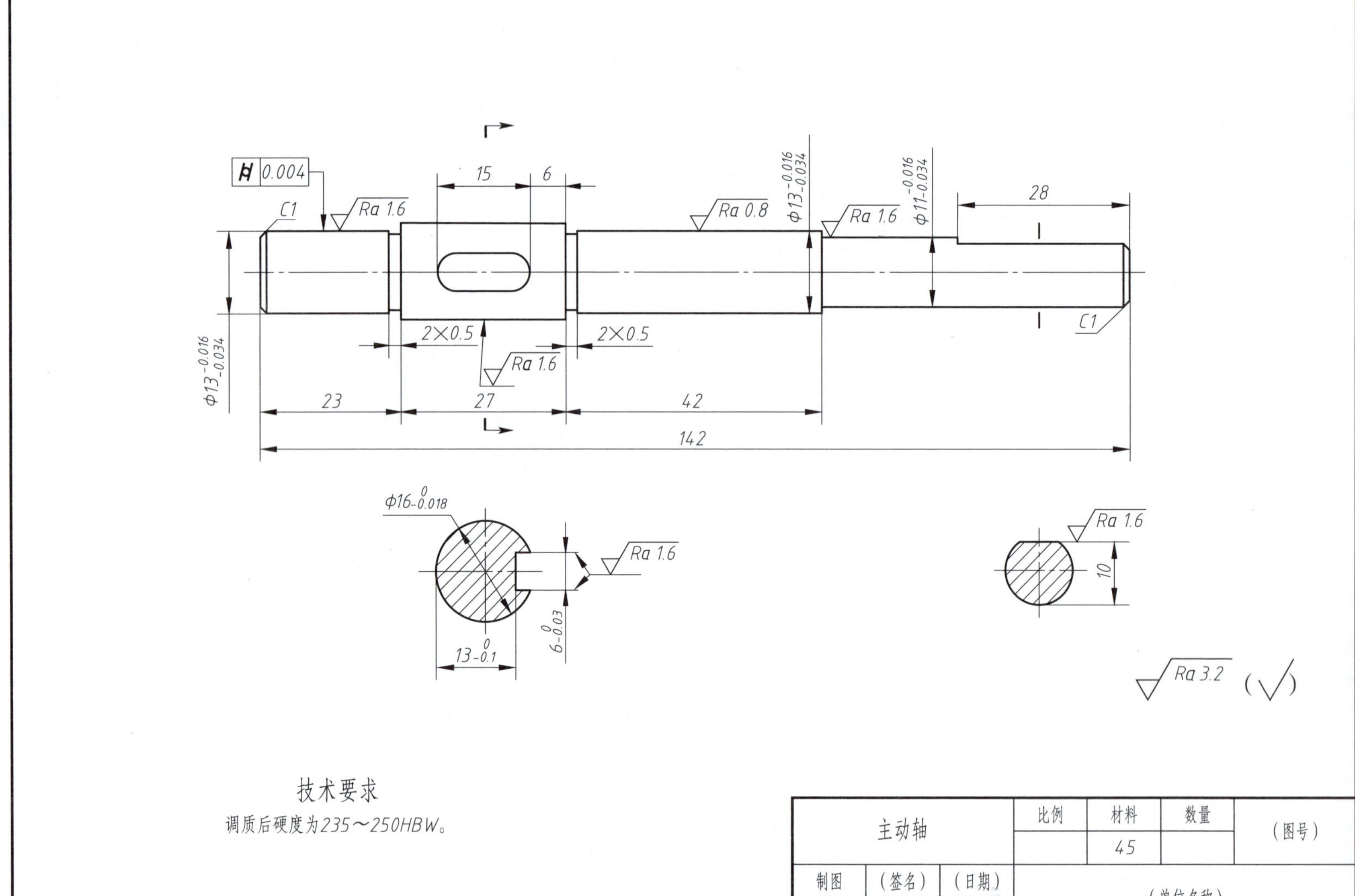

主动轴			比例	材料	数量	（图号）
				45		
制图	（签名）	（日期）	（单位名称）			
审核	（签名）	（日期）				

7-5 绘制图形并标注尺寸（五）

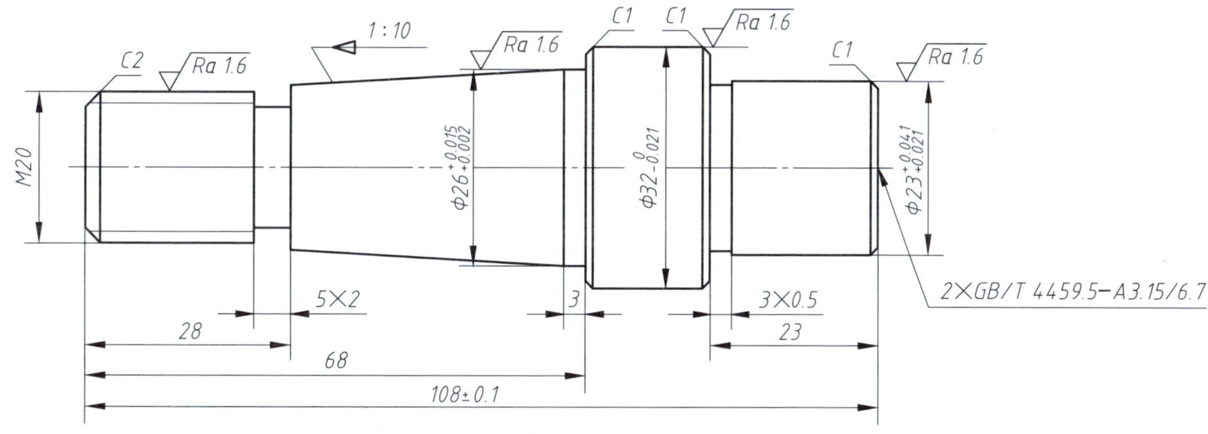

技术要求

1. 未注尺寸公差按GB/T 1804—m。
2. 去毛刺，倒钝锐边。

√Ra 3.2 （√）

<table>
<tr><td colspan="3" rowspan="2">心轴</td><td>比例</td><td>材料</td><td>数量</td><td rowspan="2">（图号）</td></tr>
<tr><td></td><td>45</td><td></td></tr>
<tr><td>制图</td><td>（签名）</td><td>（日期）</td><td colspan="4" rowspan="2">（单位名称）</td></tr>
<tr><td>审核</td><td>（签名）</td><td>（日期）</td></tr>
</table>

7-6　绘制图形并标注尺寸（六）

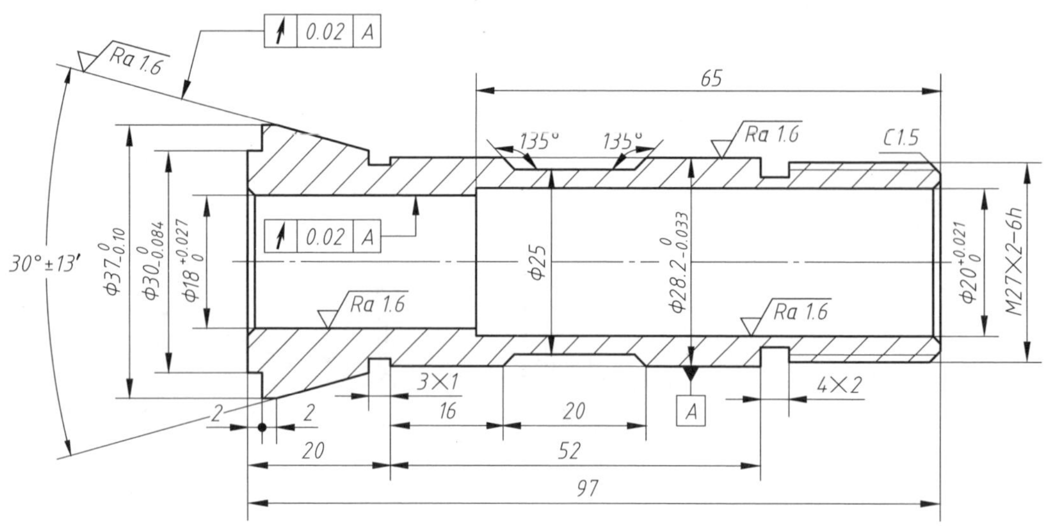

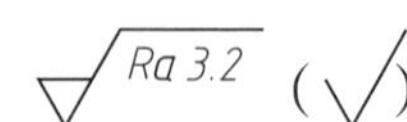

技术要求

1. 未注尺寸公差按GB/T 1804—m。
2. 未注倒角为C0.5。

<table>
<tr><td rowspan="2" colspan="3">弹性夹头</td><td>比例</td><td>材料</td><td>数量</td><td rowspan="2">（图号）</td></tr>
<tr><td></td><td>45</td><td></td></tr>
<tr><td>制图</td><td>（签名）</td><td>（日期）</td><td rowspan="2" colspan="4">（单位名称）</td></tr>
<tr><td>审核</td><td>（签名）</td><td>（日期）</td></tr>
</table>

　　班级　　姓名　　学号

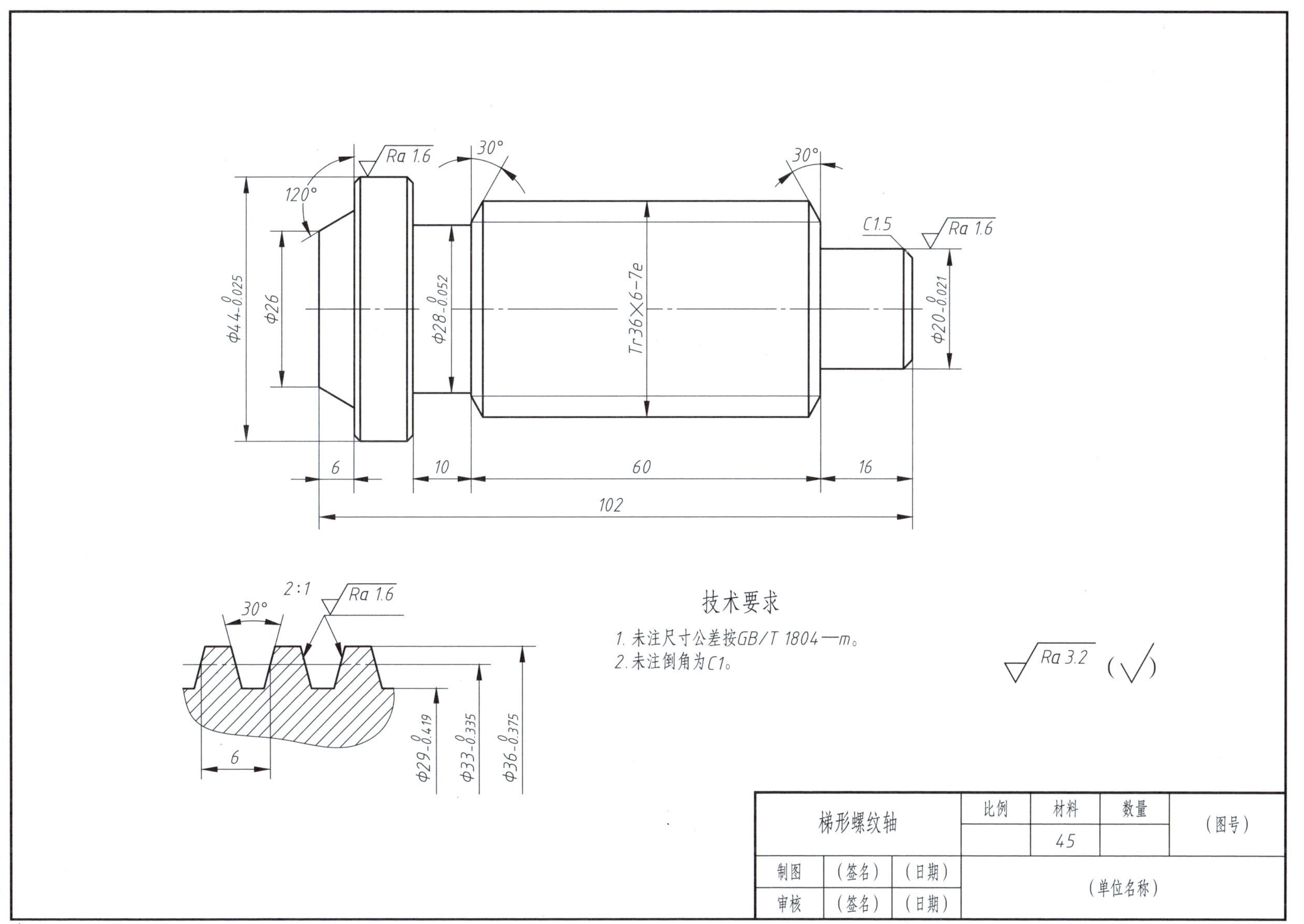

梯形螺纹轴			比例	材料	数量	（图号）
				45		
制图	（签名）	（日期）	（单位名称）			
审核	（签名）	（日期）				

7-8 绘制图形并标注尺寸（八）

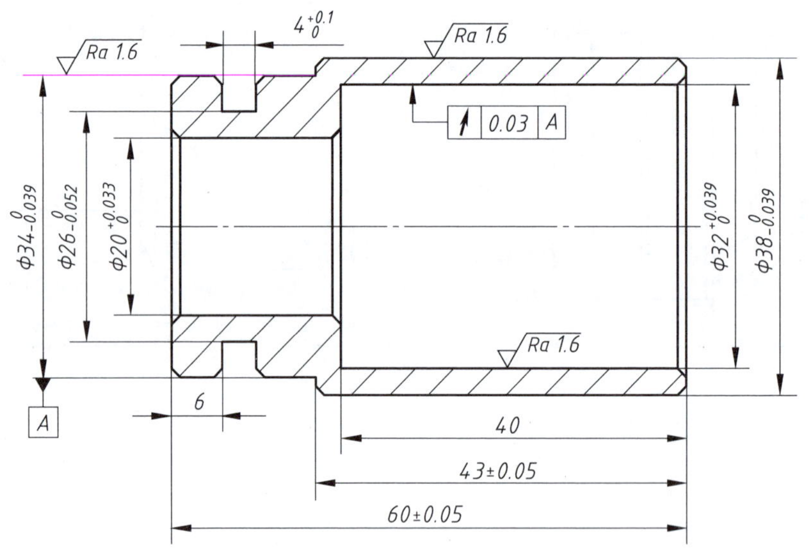

技术要求

1. 未注尺寸公差按GB/T 1804—m。
2. 未注倒角为C1。

Ra 3.2 （√）

薄壁套	比例	材料	数量	（图号）
		45		
制图	（签名）	（日期）	（单位名称）	
审核	（签名）	（日期）		

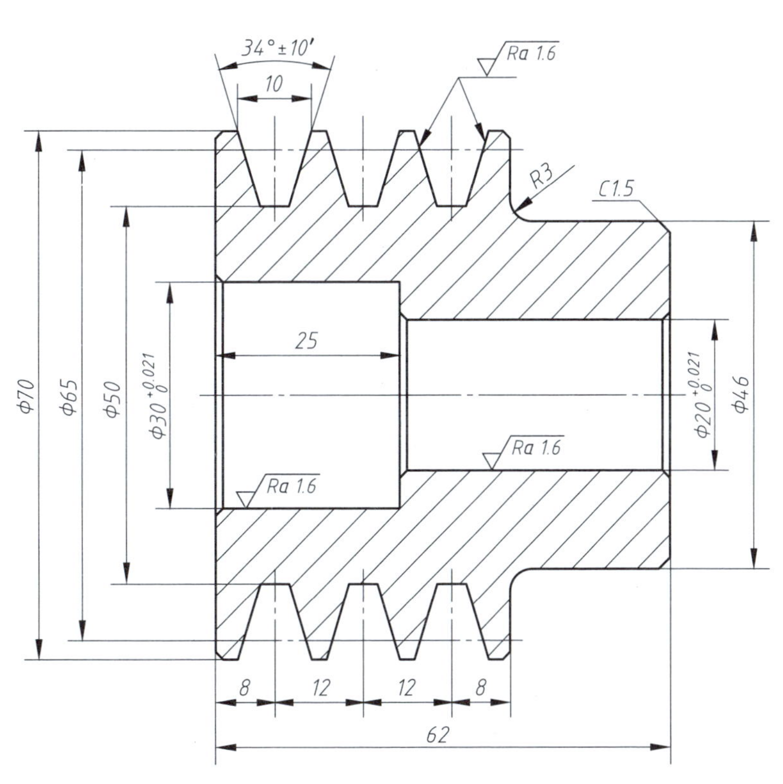

Ra 3.2 （√）

技术要求

1. 未注尺寸公差按GB/T 1804—m。
2. 未注倒角为C1。

带轮			比例	材料	数量	（图号）
				45		
制图	（签名）	（日期）	（单位名称）			
审核	（签名）	（日期）				

模数 m		1.5
齿数 z_2		34
压力角		20°
齿圈径向跳动 F_r		0.063
公法线长度变动公差 F_w		0.028
基节极限偏差 $\pm f_{pb}$		±0.013
齿形公差 f_f		0.011
公法线	长度	16.21
	极限偏差	$^{-0.012}_{-0.168}$
跨测齿数 k		4

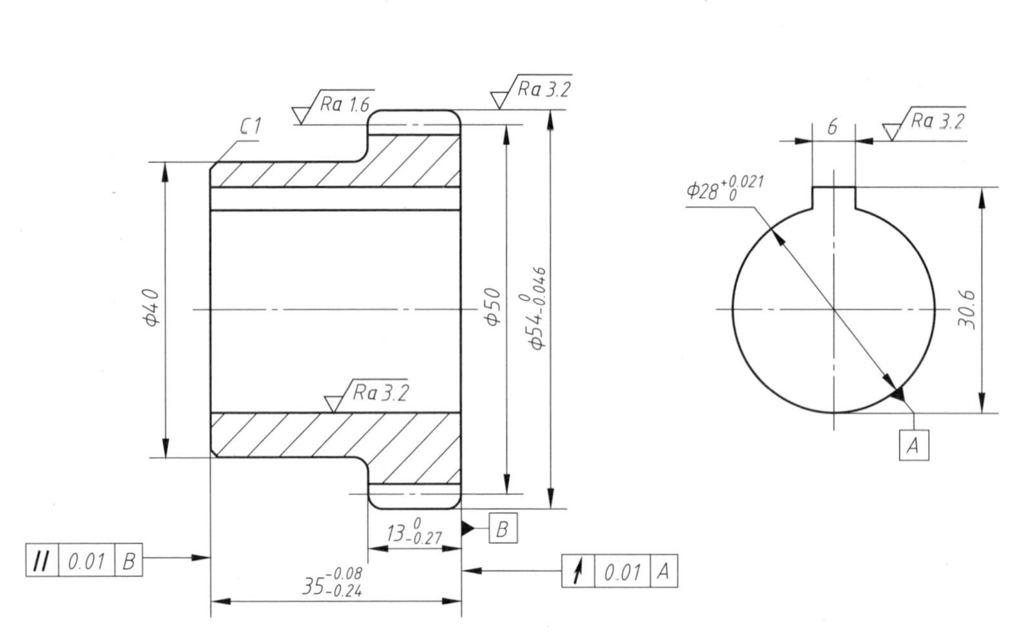

$\sqrt{Ra\ 6.3}$ （$\sqrt{}$）

技术要求

1. 齿面高频淬火后硬度为50～55HRC。
2. 未注圆角为R2。

齿轮		比例	材料	数量	（图号）
			45		
制图	（签名）	（日期）	（单位名称）		
审核	（签名）	（日期）			

　　班级　　姓名　　学号

7-11 绘制图形并标注尺寸（十一）

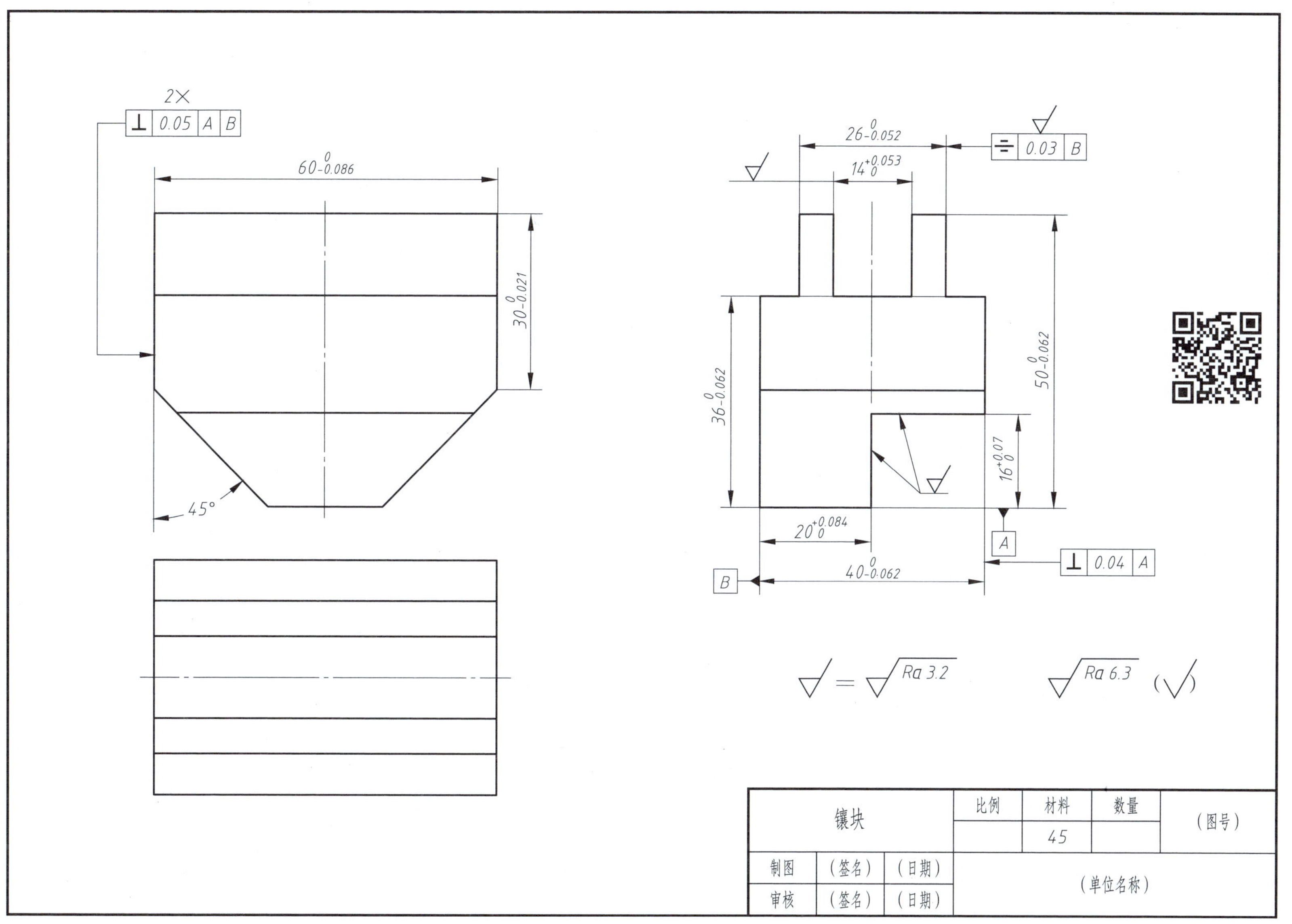

班级　　姓名　　学号

7-12 绘制图形并标注尺寸（十二）

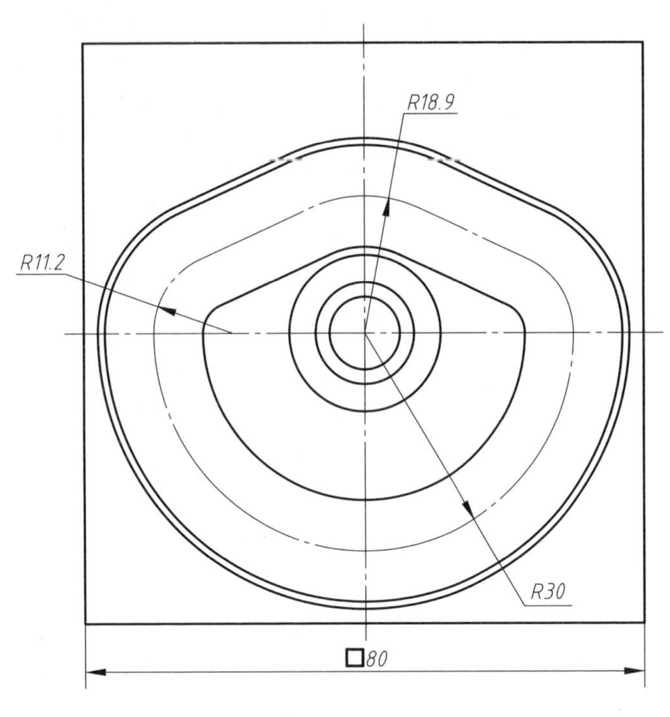

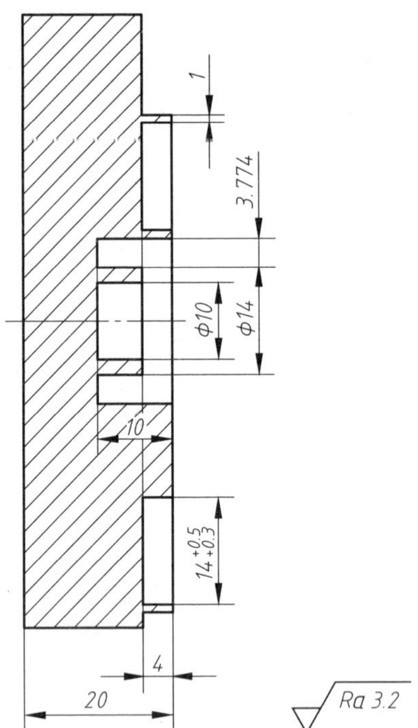

技术要求

1. 未注尺寸公差按GB/T 1804—m。
2. 凸轮槽外壁各处等厚。

<table>
<tr><td rowspan="2" colspan="3">凸轮槽</td><td>比例</td><td>材料</td><td>数量</td><td rowspan="2">（图号）</td></tr>
<tr><td></td><td>45</td><td></td></tr>
<tr><td>制图</td><td>（签名）</td><td>（日期）</td><td rowspan="2" colspan="4">（单位名称）</td></tr>
<tr><td>审核</td><td>（签名）</td><td>（日期）</td></tr>
</table>

班级 姓名 学号

7-13 绘制图形并标注尺寸（十三）

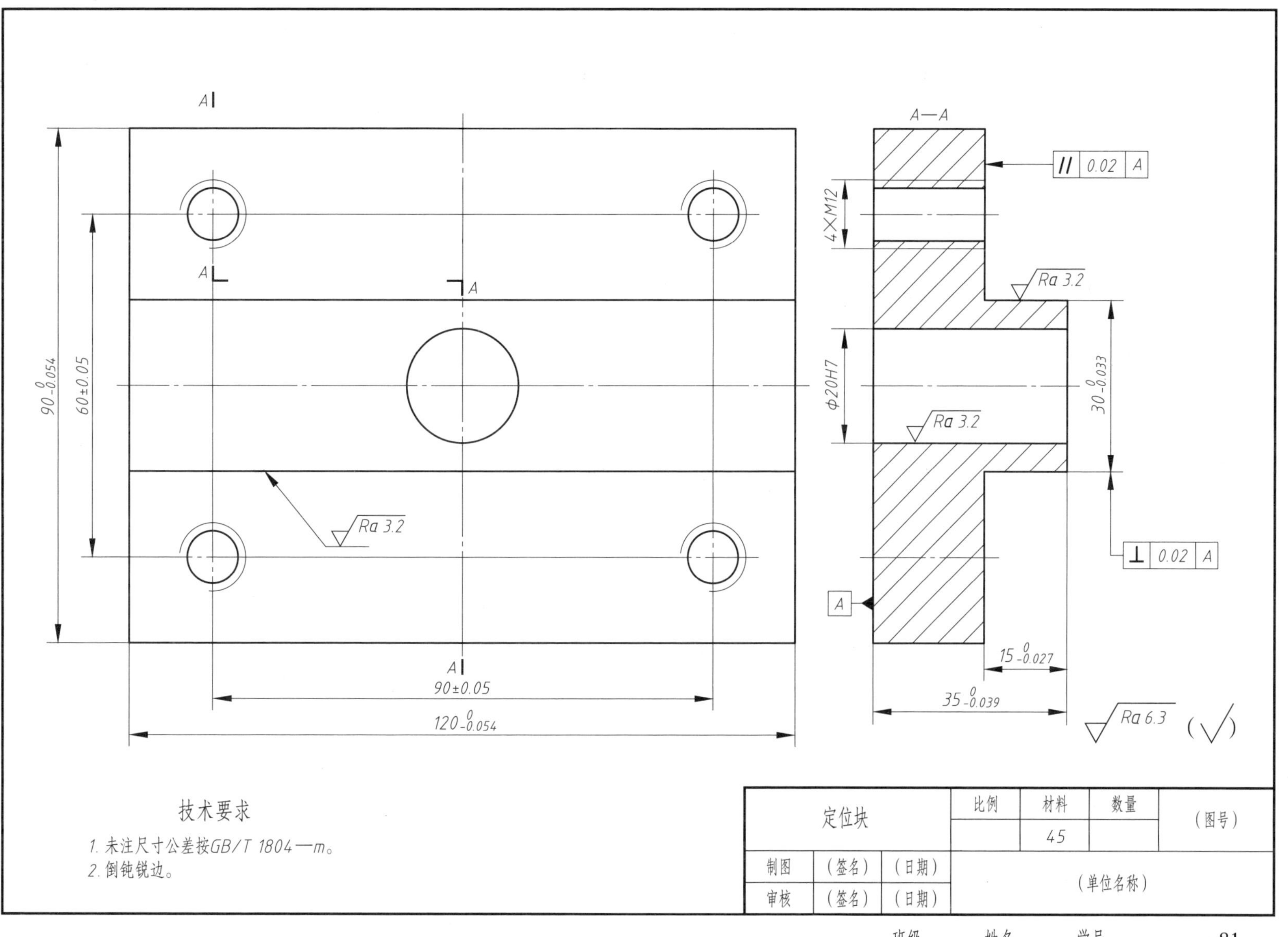

7–14 绘制图形并标注尺寸（十四）

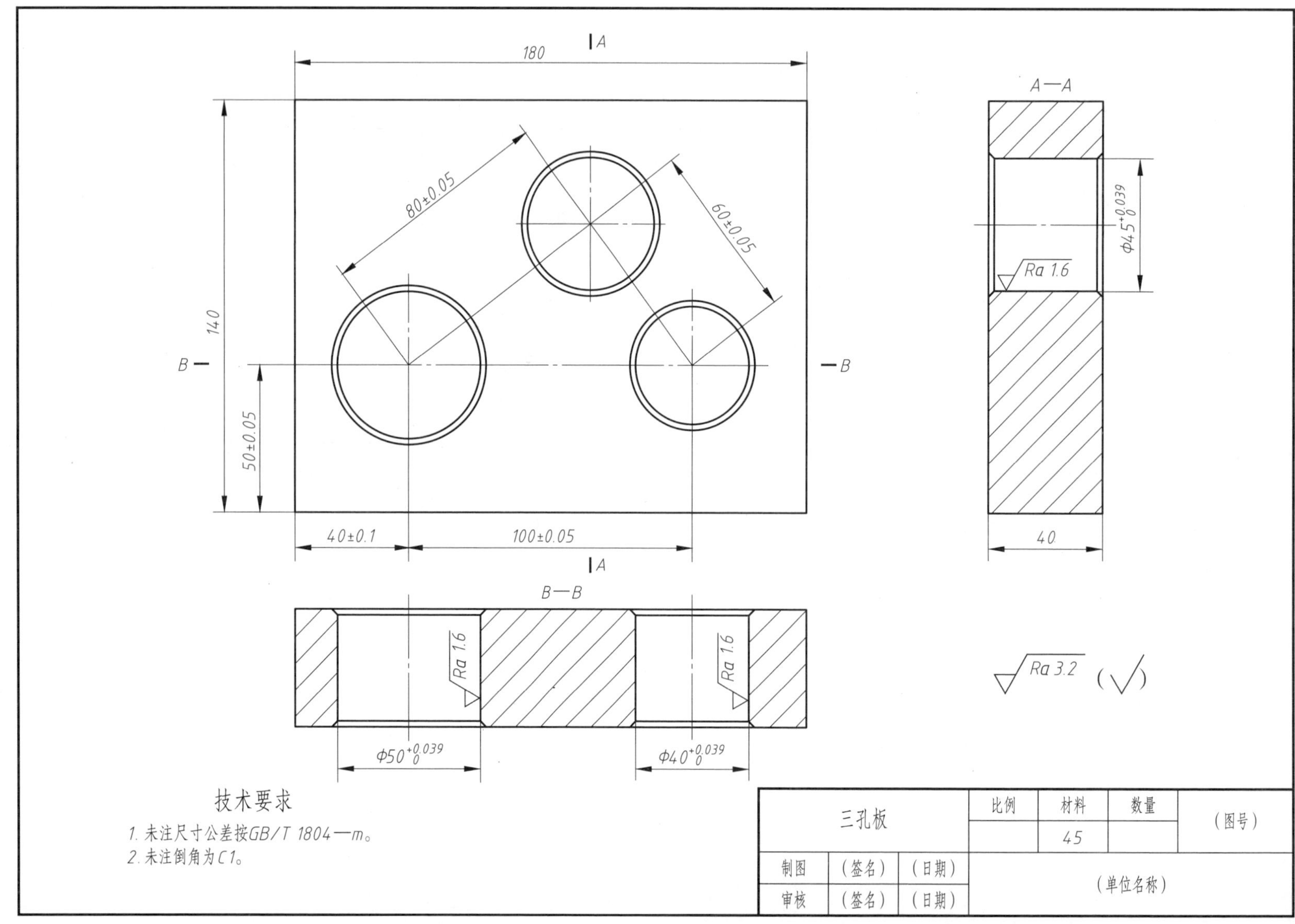

 班级 姓名 学号

7-15 绘制图形并标注尺寸（十五）

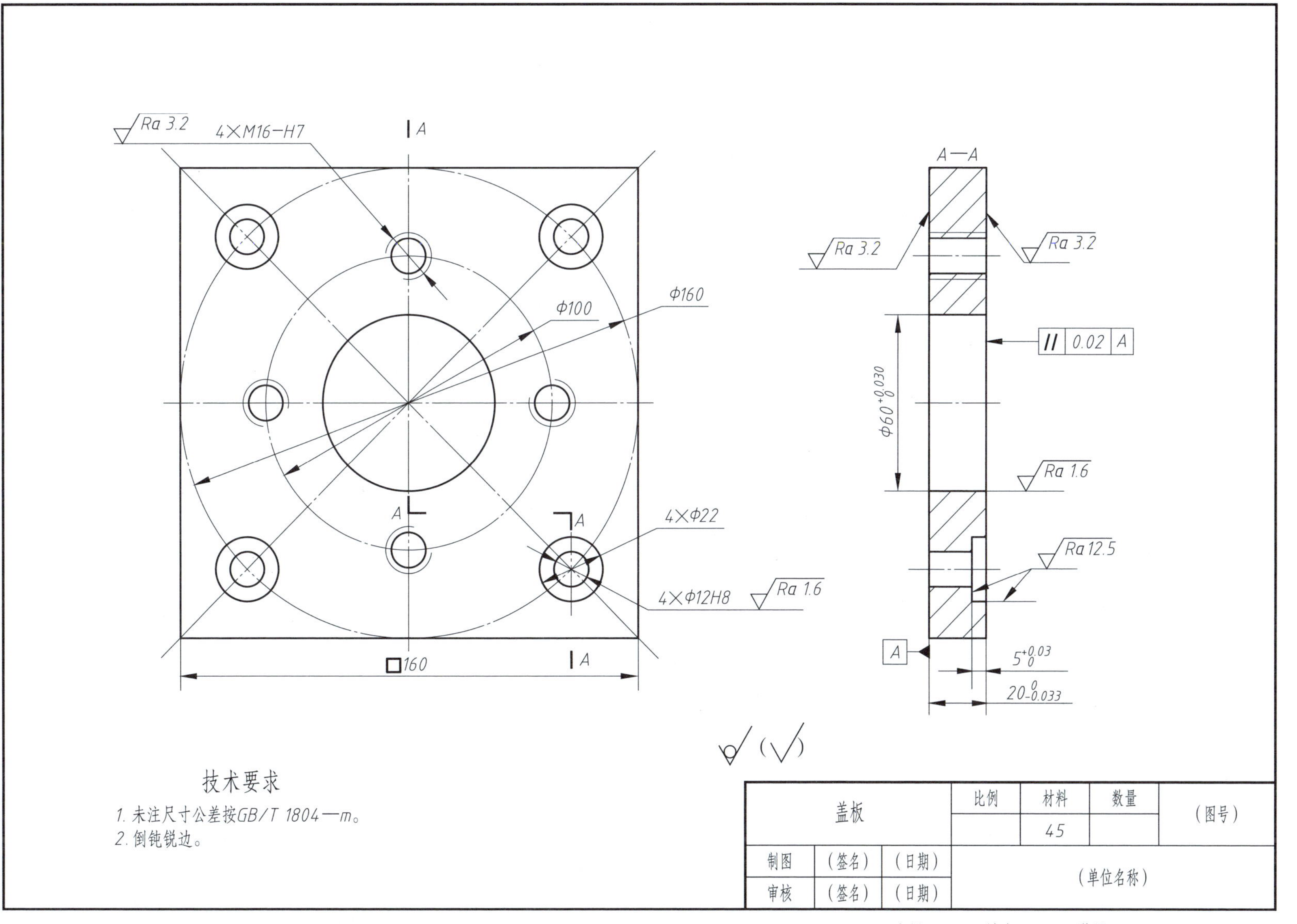

技术要求

1. 未注尺寸公差按GB/T 1804—m。
2. 倒钝锐边。

盖板		比例	材料	数量	（图号）
			45		
制图	（签名）	（日期）	（单位名称）		
审核	（签名）	（日期）			

班级　　姓名　　学号

7-16 绘制图形并标注尺寸（十六）

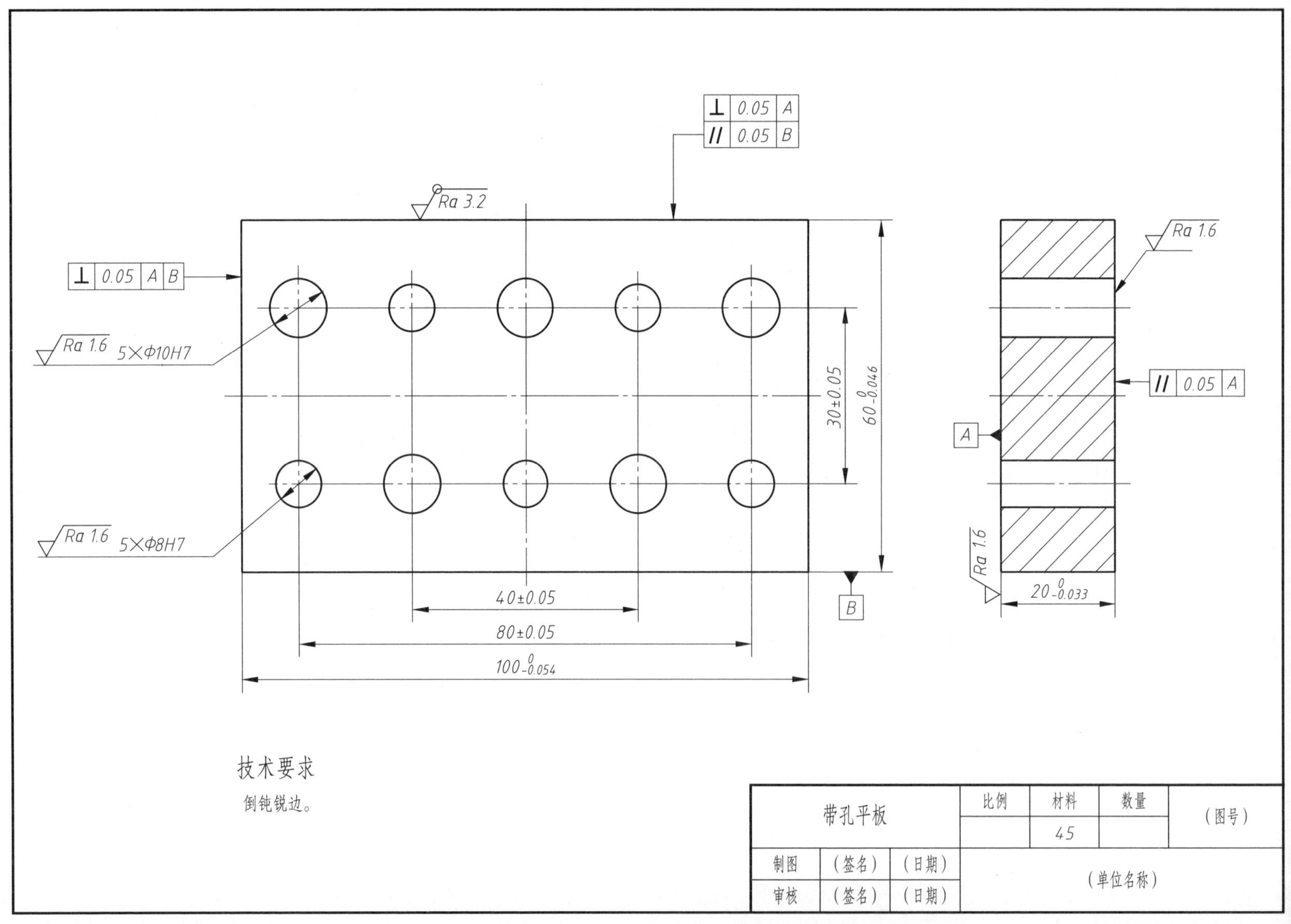

 班级 姓名 学号

7-17 绘制图形并标注尺寸（十七）

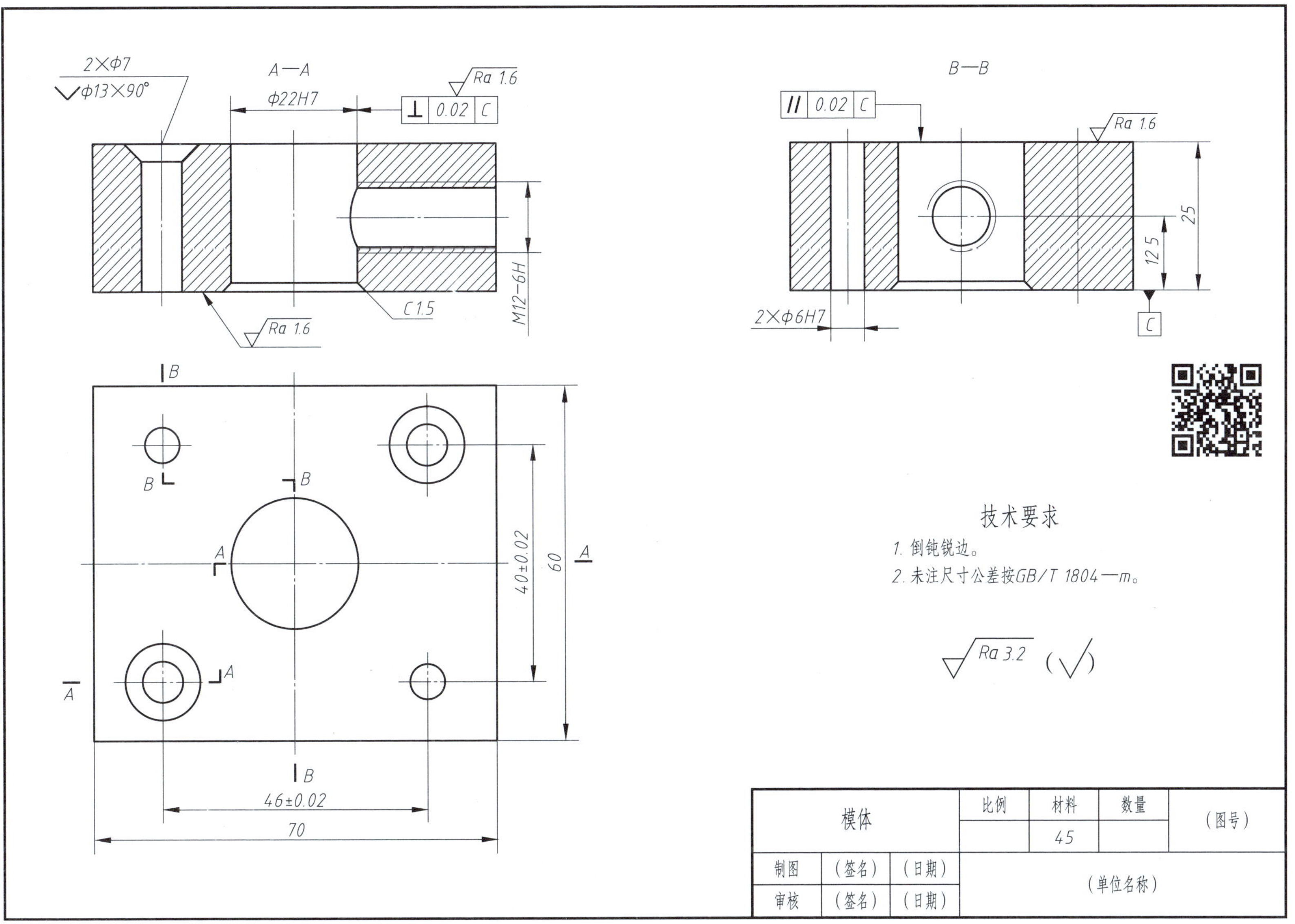

7–18 绘制图形并标注尺寸（十八）

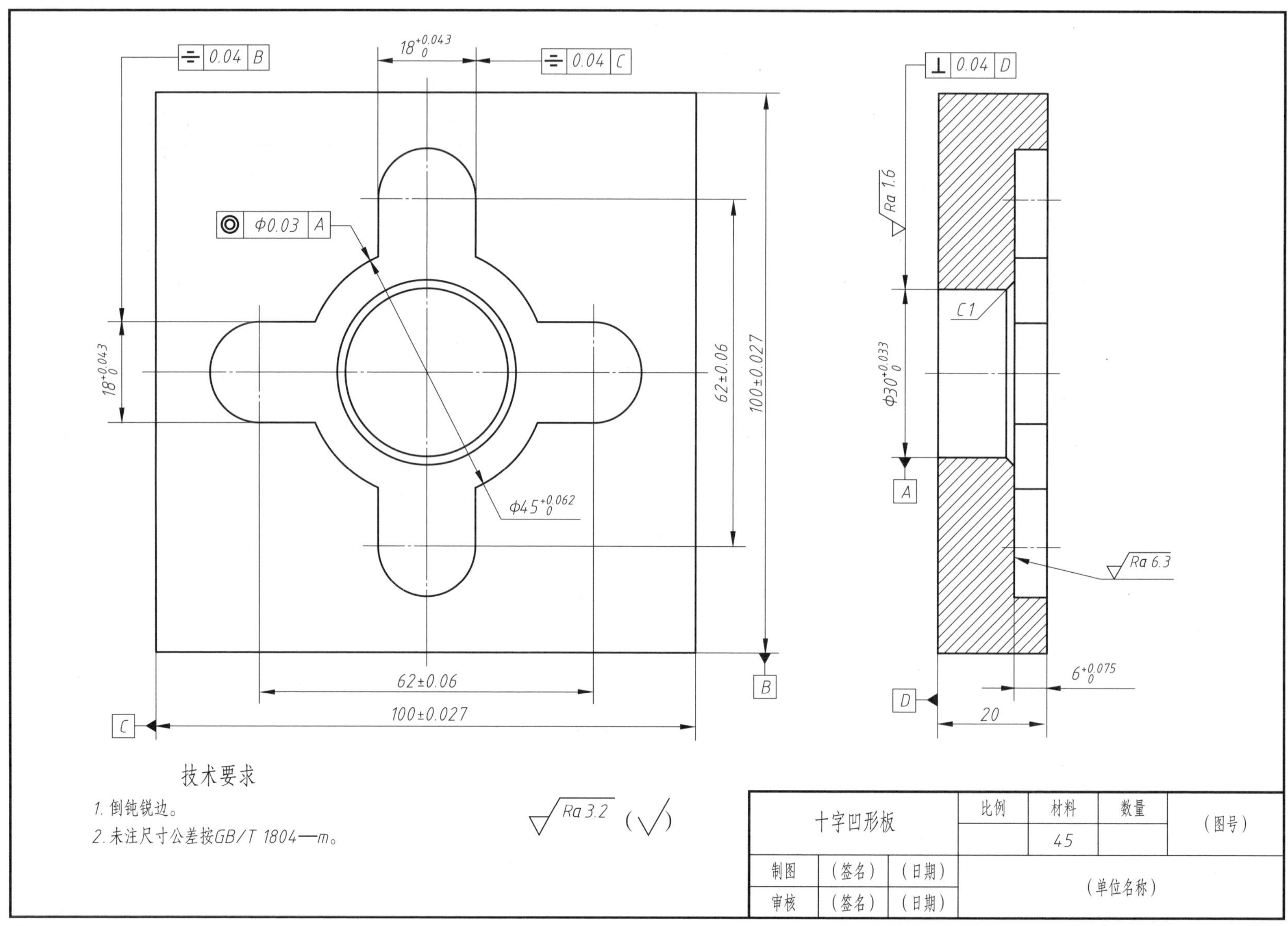

 班级 姓名 学号

7-19 绘制图形并标注尺寸（十九）

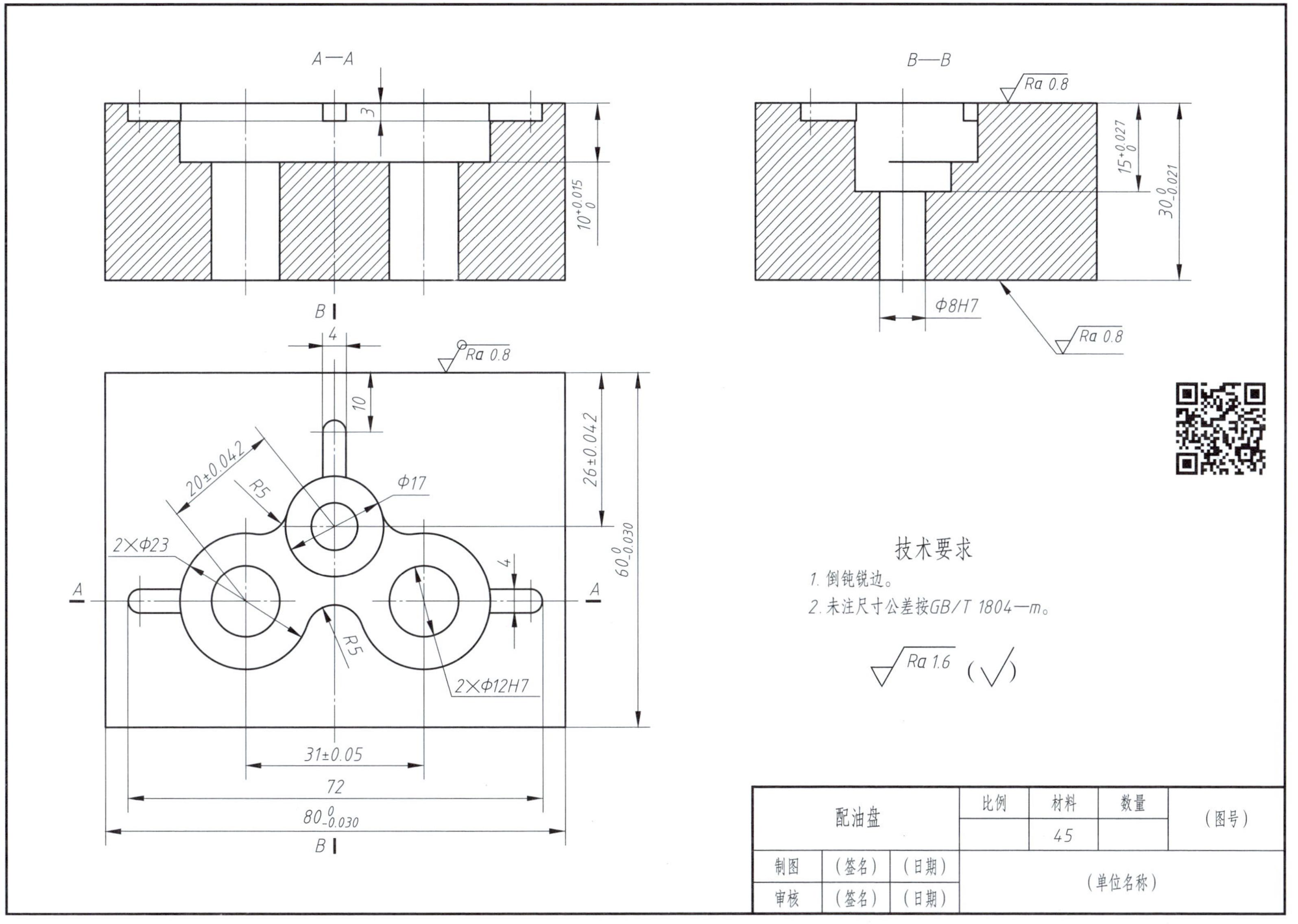

配油盘			比例	材料	数量	（图号）
				45		
制图	（签名）	（日期）	（单位名称）			
审核	（签名）	（日期）				

7–20 绘制图形并标注尺寸（二十）

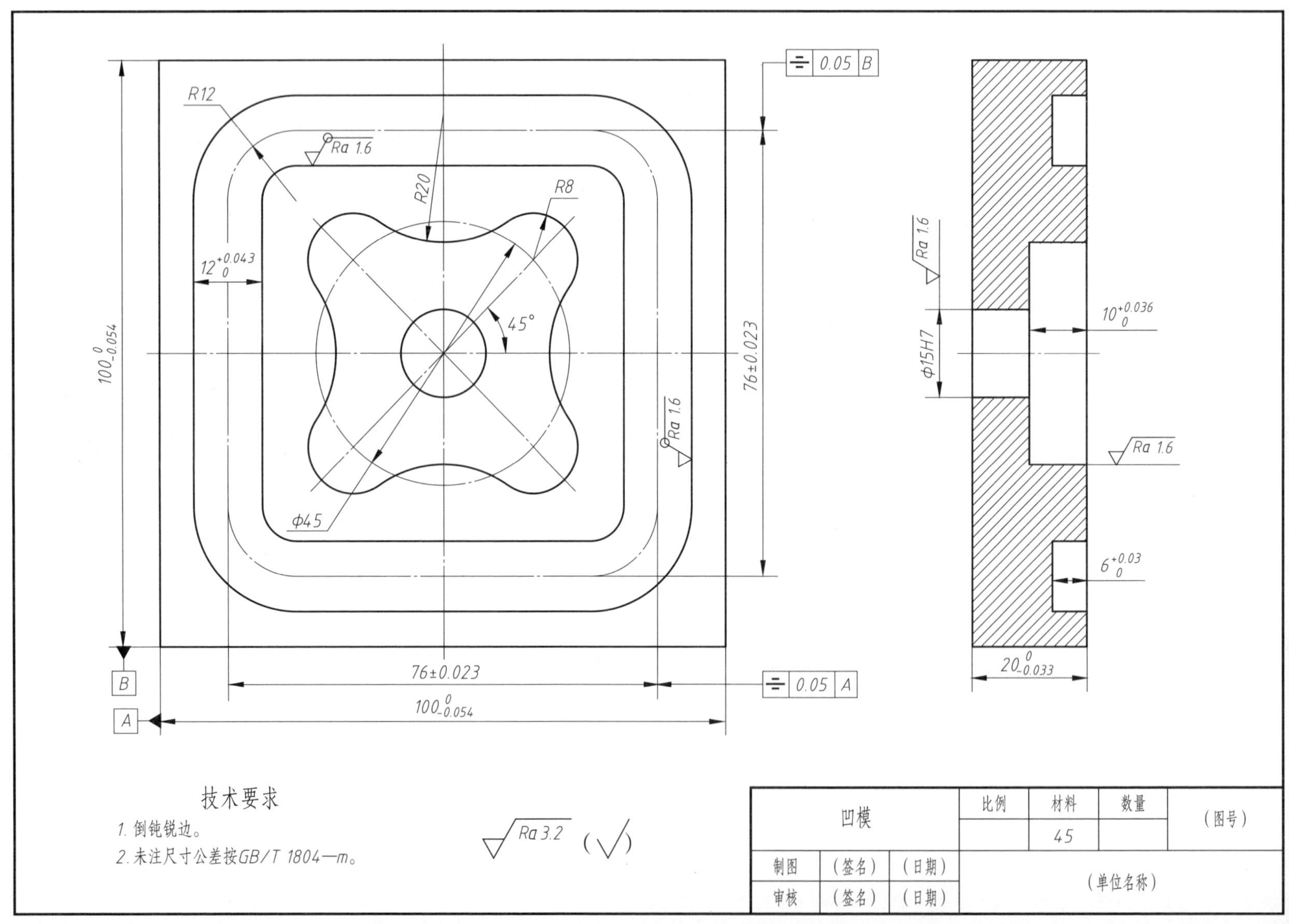

凹模	比例	材料	数量	（图号）
		45		
制图 （签名） （日期）	（单位名称）			
审核 （签名） （日期）				

班级　　姓名　　学号

7-21 绘制图形并标注尺寸（二十一）

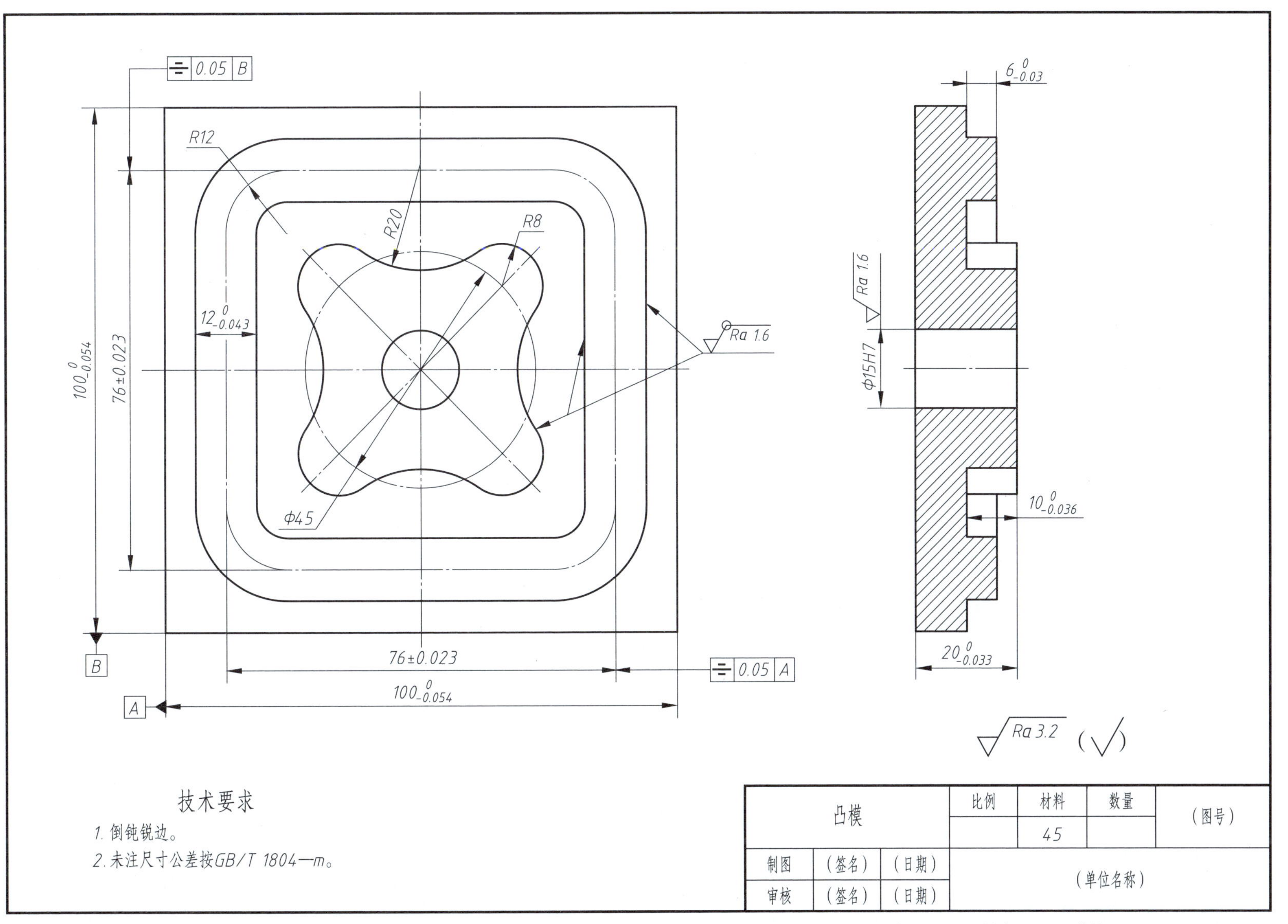

班级　　姓名　　学号

7-22　绘制图形并标注尺寸（二十二）

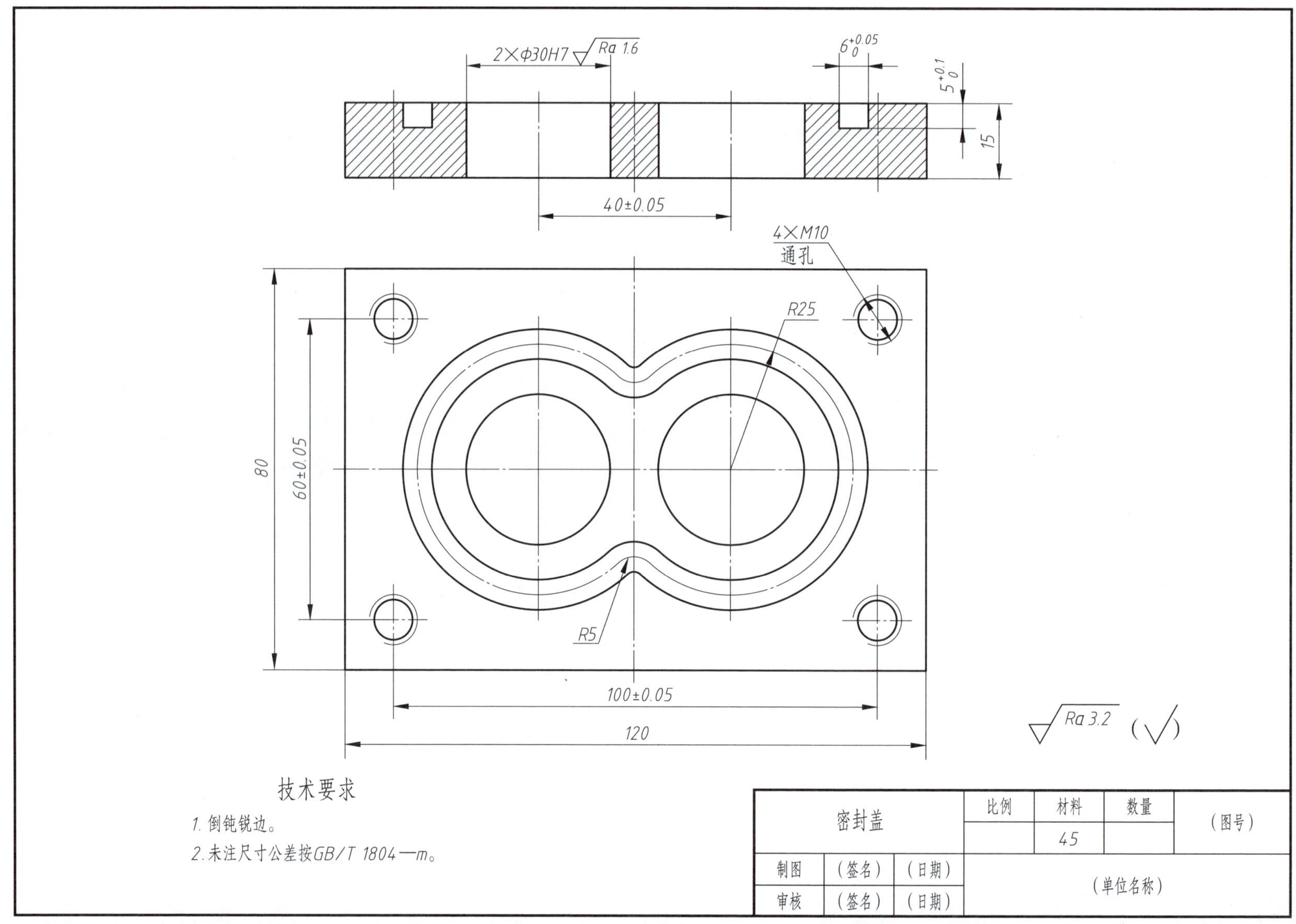

密封盖			比例	材料	数量	（图号）
				45		
制图	（签名）	（日期）	（单位名称）			
审核	（签名）	（日期）				

　班级　姓名　学号

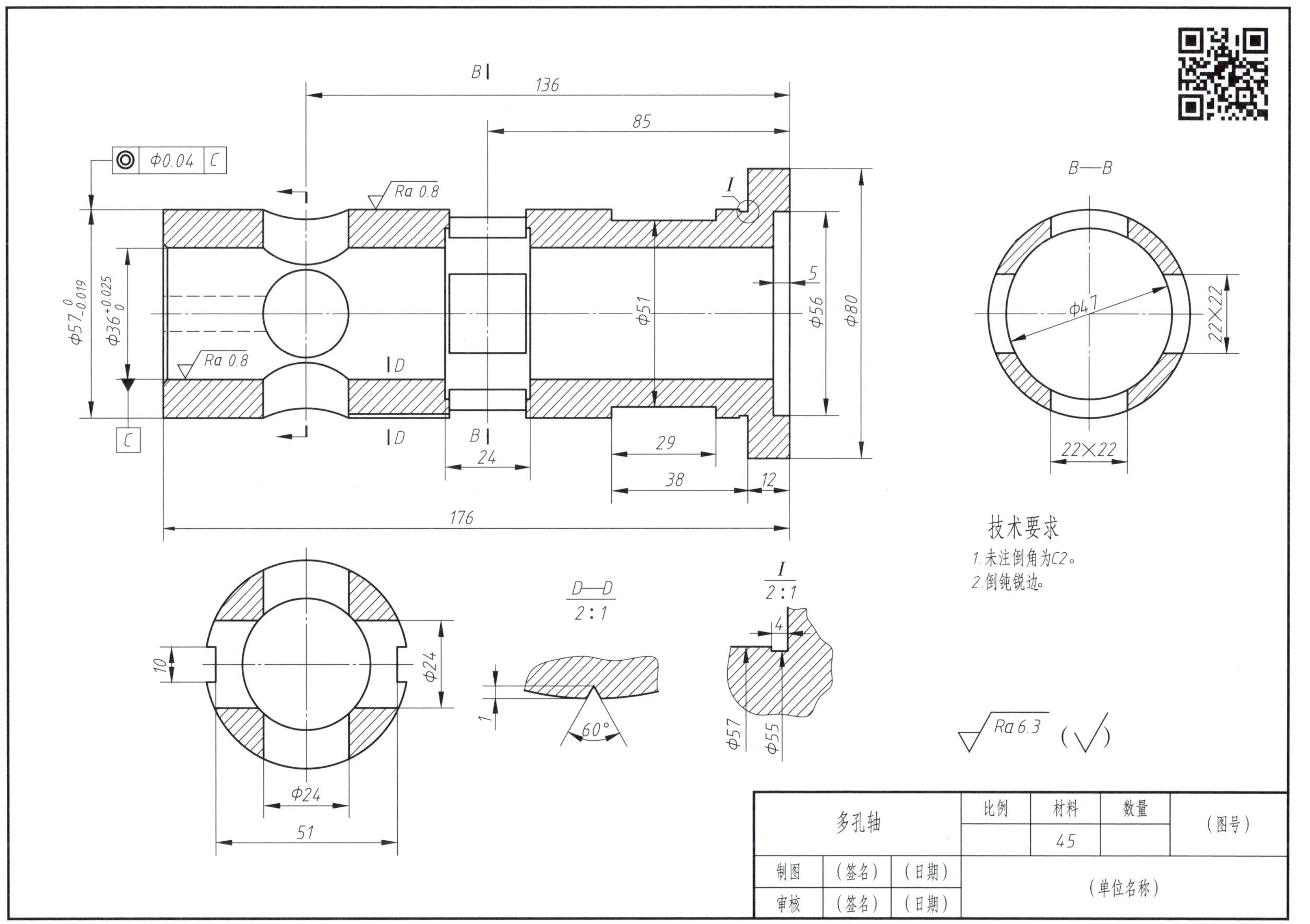

多孔轴			比例	材料	数量	（图号）
				45		
制图	（签名）	（日期）	（单位名称）			
审核	（签名）	（日期）				

7-24 绘制图形并标注尺寸（二十四）

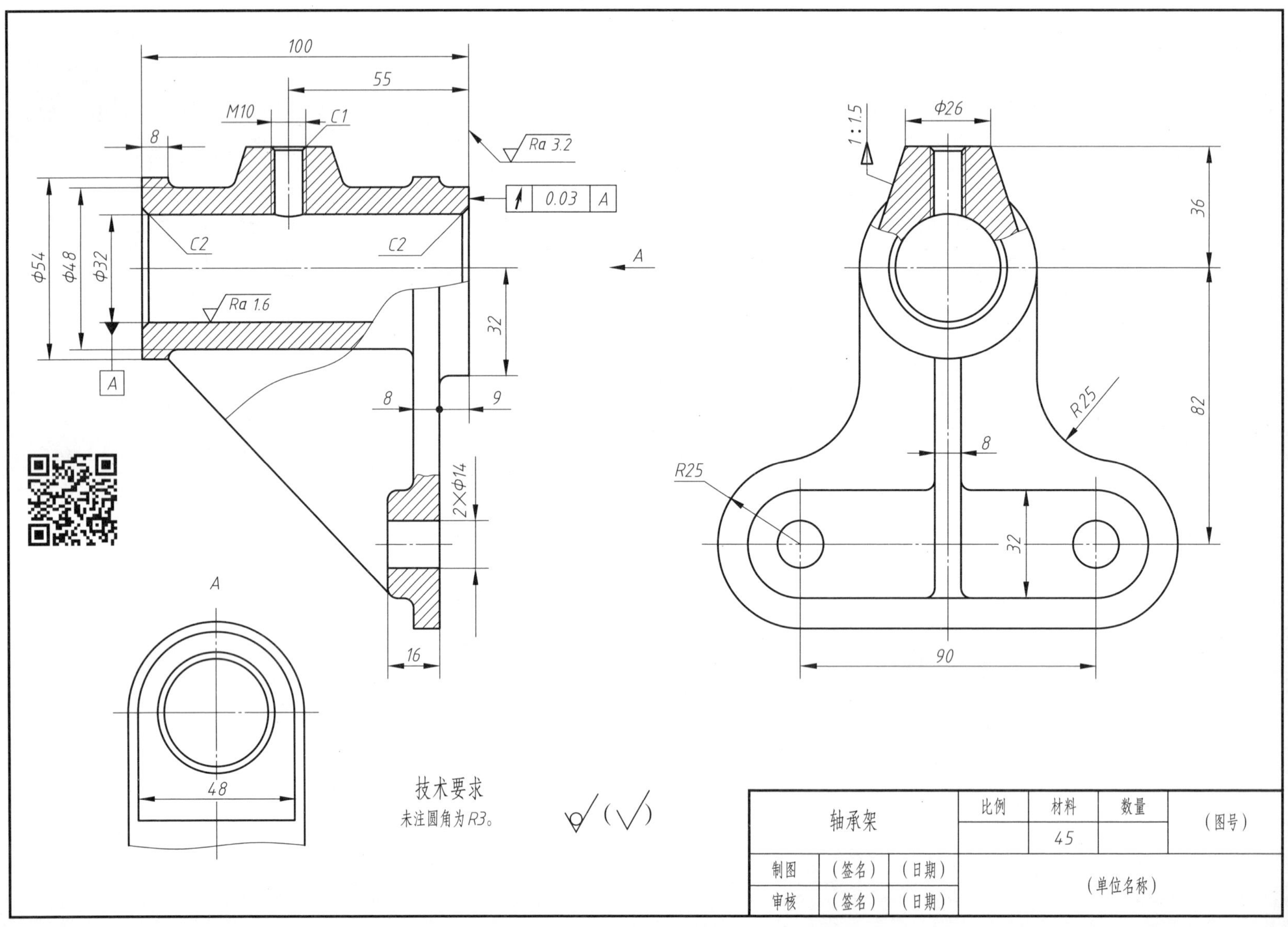

班级 姓名 学号

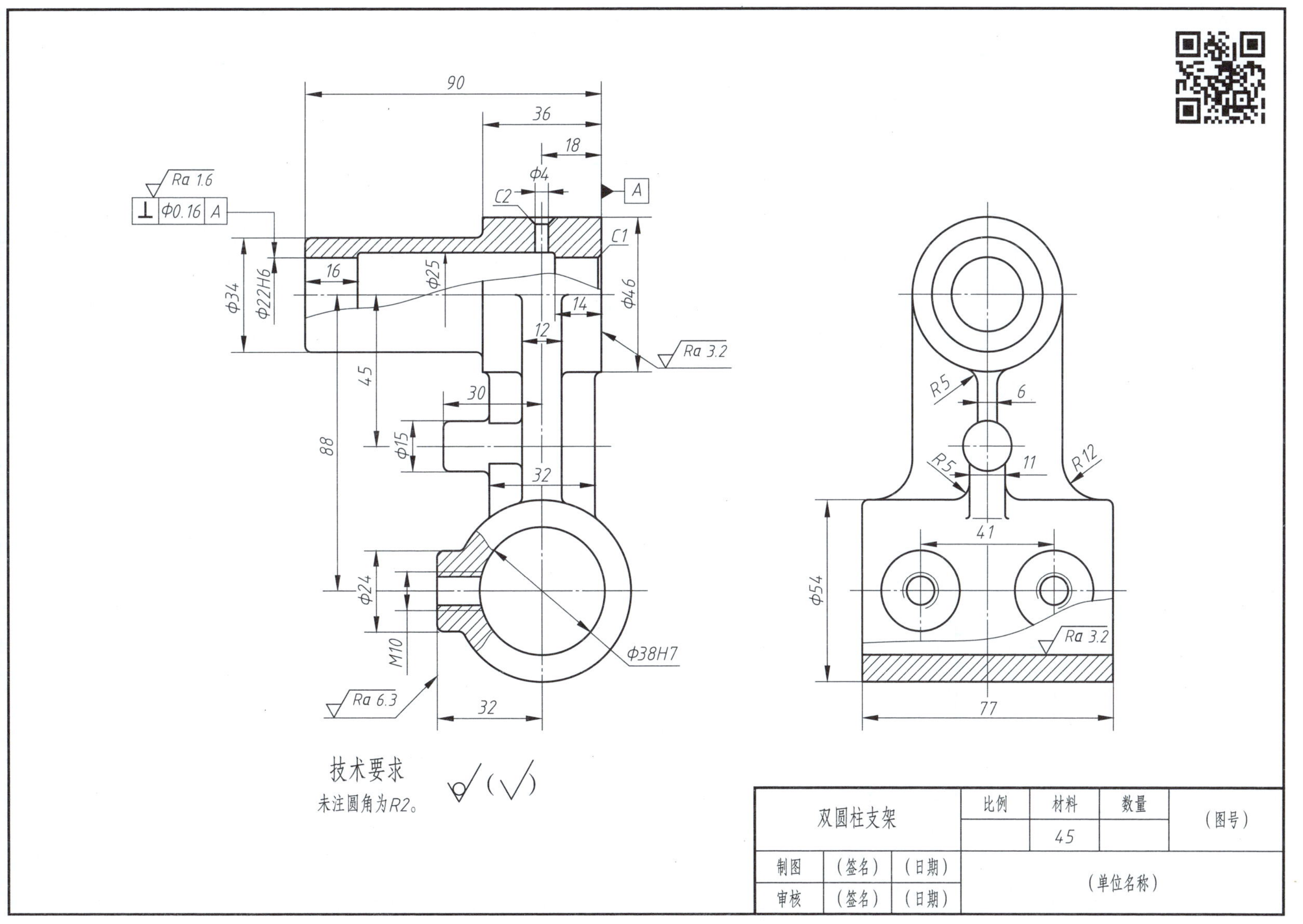

双圆柱支架	比例	材料	数量	（图号）
		45		
制图	（签名）	（日期）	（单位名称）	
审核	（签名）	（日期）		

7–26　绘制图形并标注尺寸（二十六）

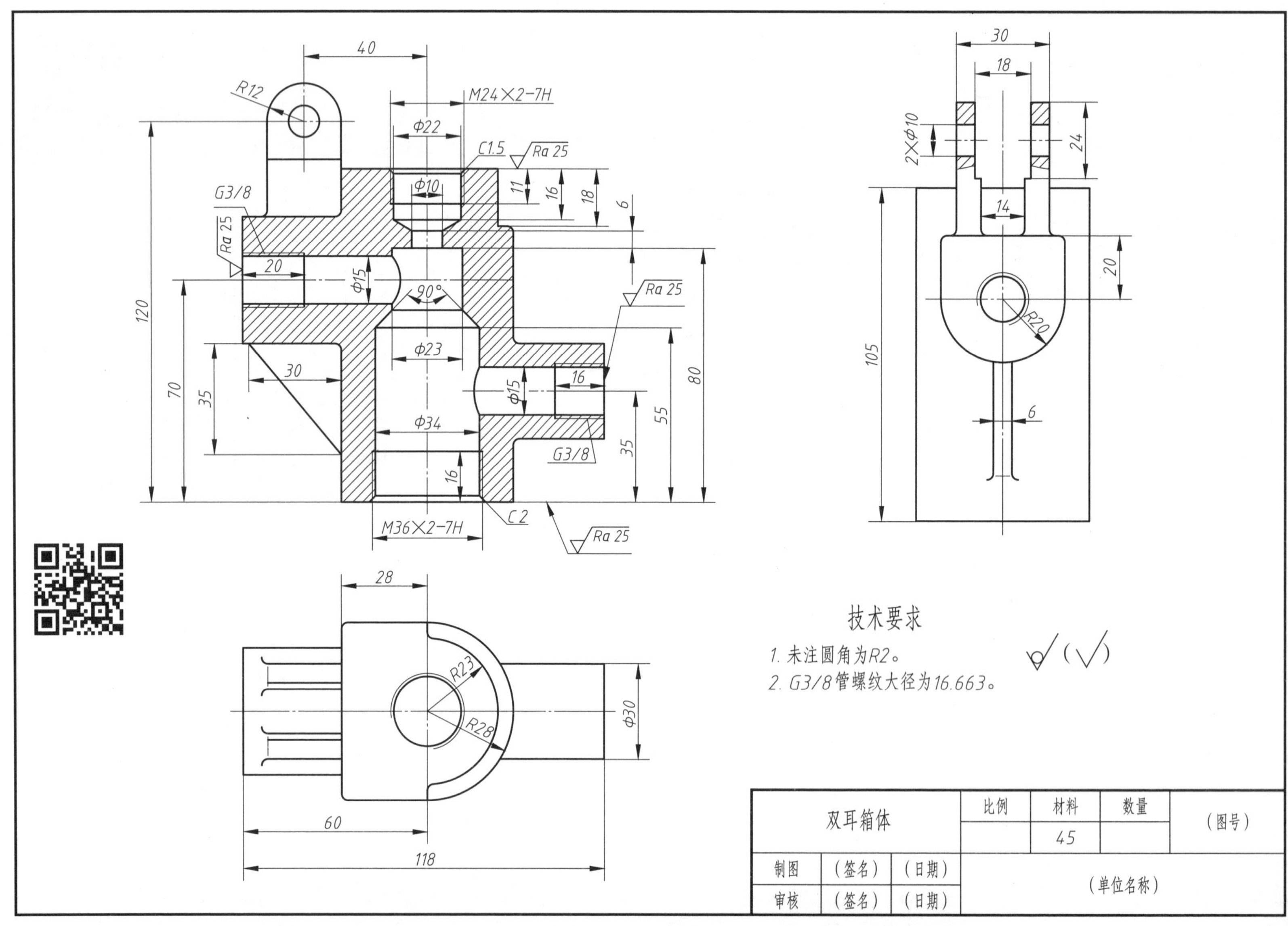

双耳箱体		比例	材料	数量	（图号）
			45		
制图	（签名）	（日期）	（单位名称）		
审核	（签名）	（日期）			

　班级　　姓名　　学号

7-27　绘制图形并标注尺寸（二十七）

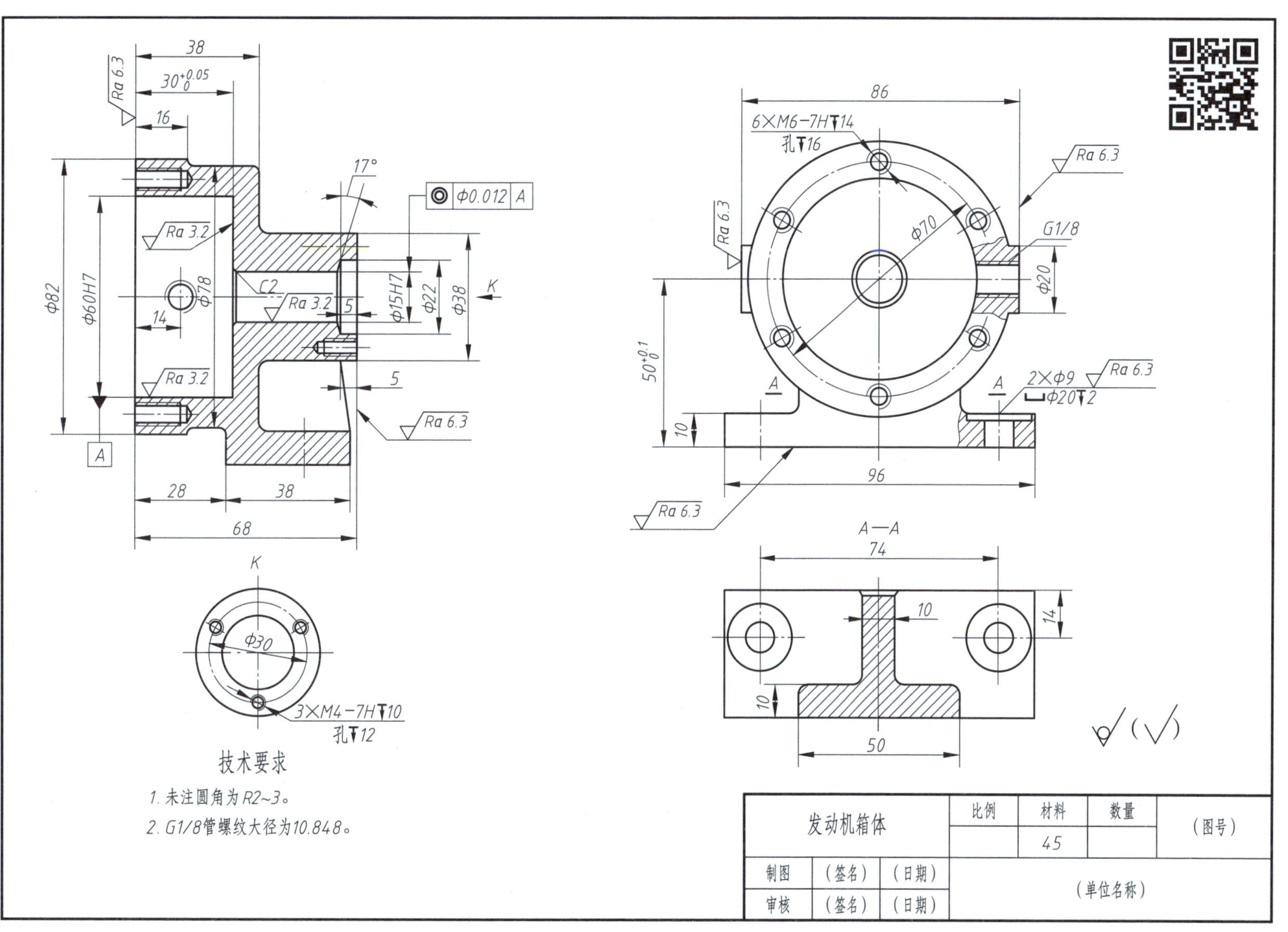

技术要求

1. 未注圆角为R2~3。
2. G1/8管螺纹大径为10.848。

发动机箱体	比例	材料	数量	（图号）
		45		
制图	（签名）	（日期）	（单位名称）	
审核	（签名）	（日期）		

7-28 绘制图形并标注尺寸（二十八）

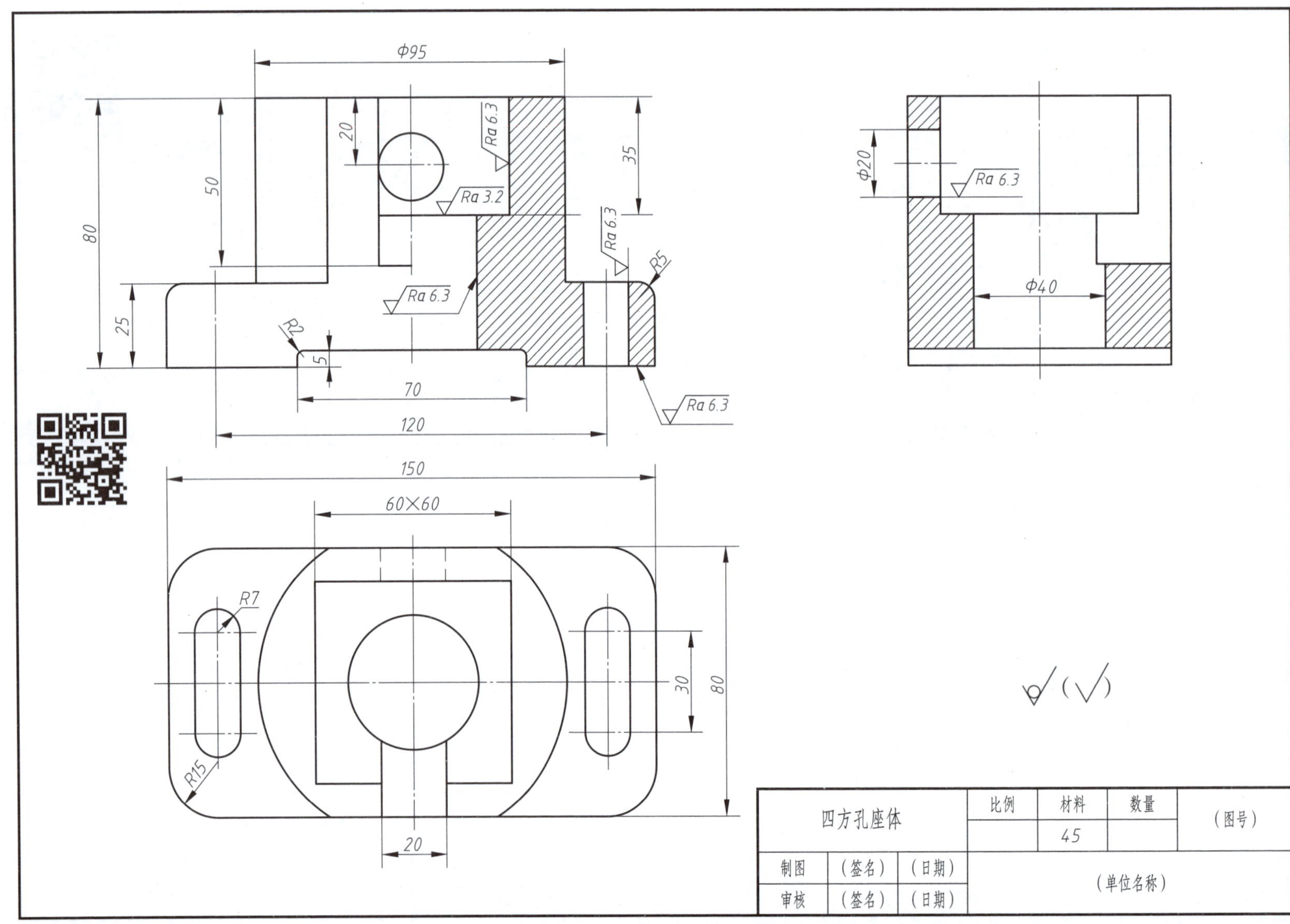

四方孔座体			比例	材料	数量	（图号）
				45		
制图	（签名）	（日期）	（单位名称）			
审核	（签名）	（日期）				

 班级 姓名 学号

第八章　绘制装配图

8-1　绘制钻模装配图

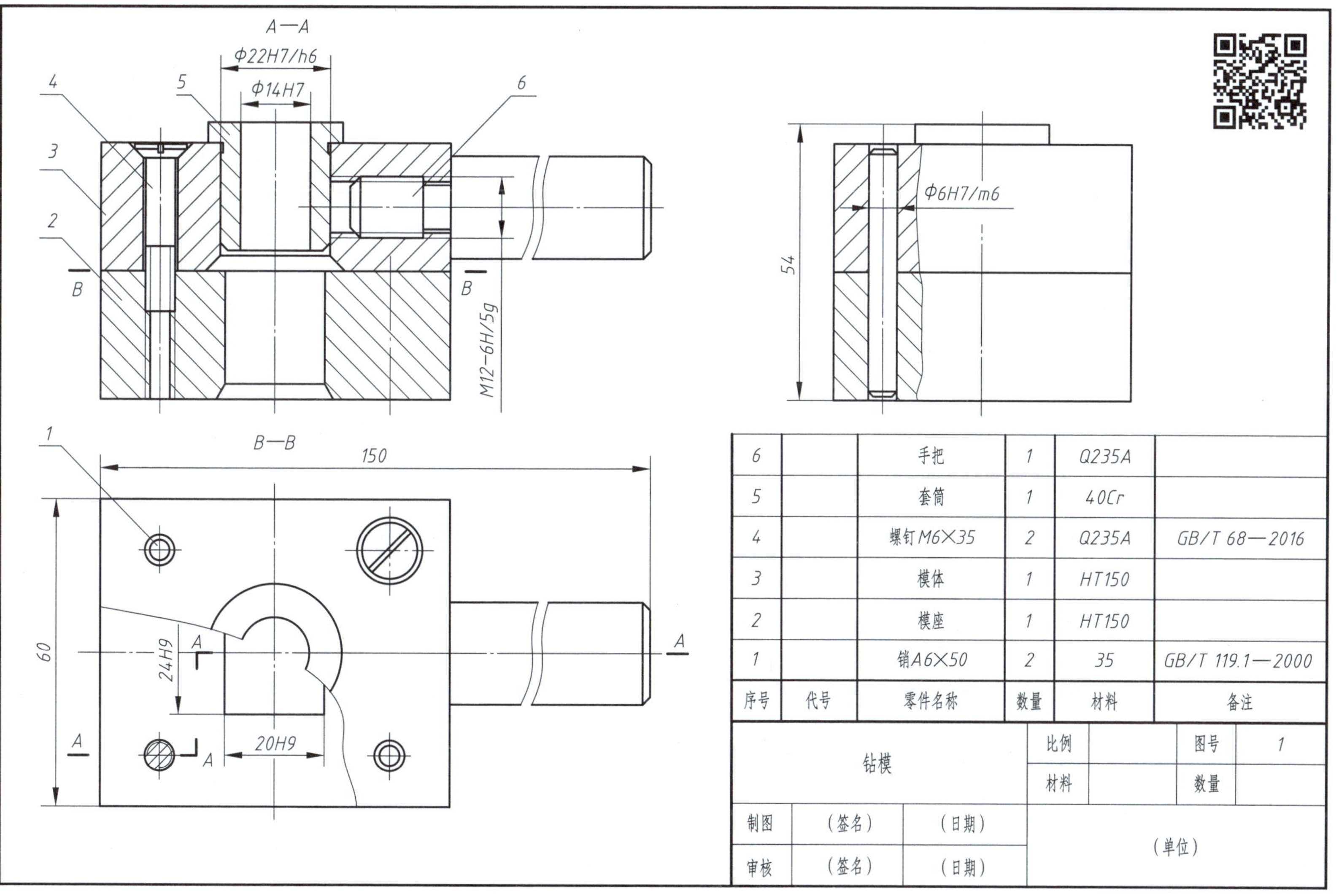

6		手把	1	Q235A	
5		套筒	1	40Cr	
4		螺钉M6×35	2	Q235A	GB/T 68—2016
3		模体	1	HT150	
2		模座	1	HT150	
1		销A6×50	2	35	GB/T 119.1—2000
序号	代号	零件名称	数量	材料	备注

钻模		比例		图号	1
		材料		数量	
制图	（签名）	（日期）	（单位）		
审核	（签名）	（日期）			

8-2 绘制模座零件图，并将其创建为图块

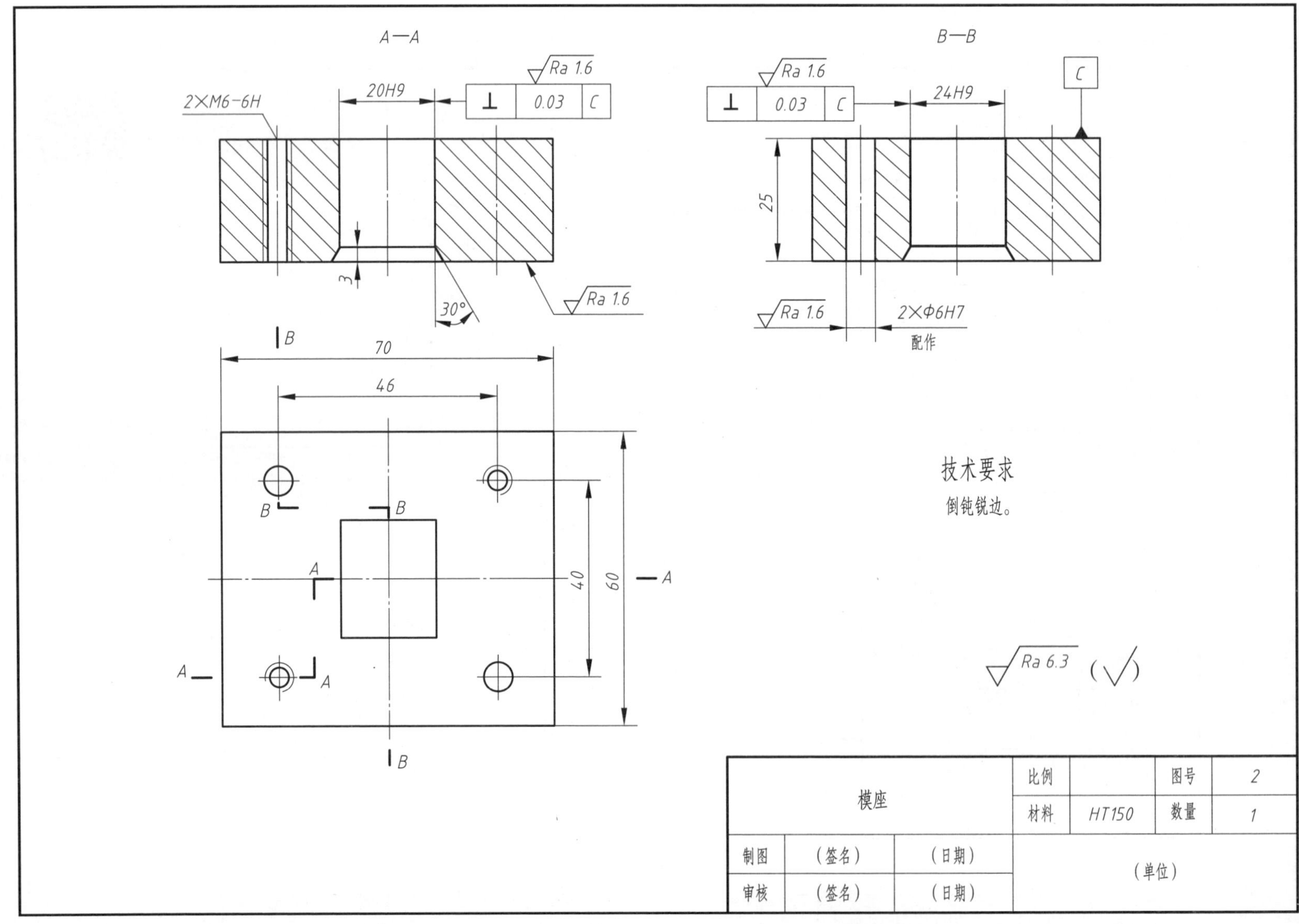

 班级 姓名 学号

8-3 绘制模体零件图，并将其创建为图块

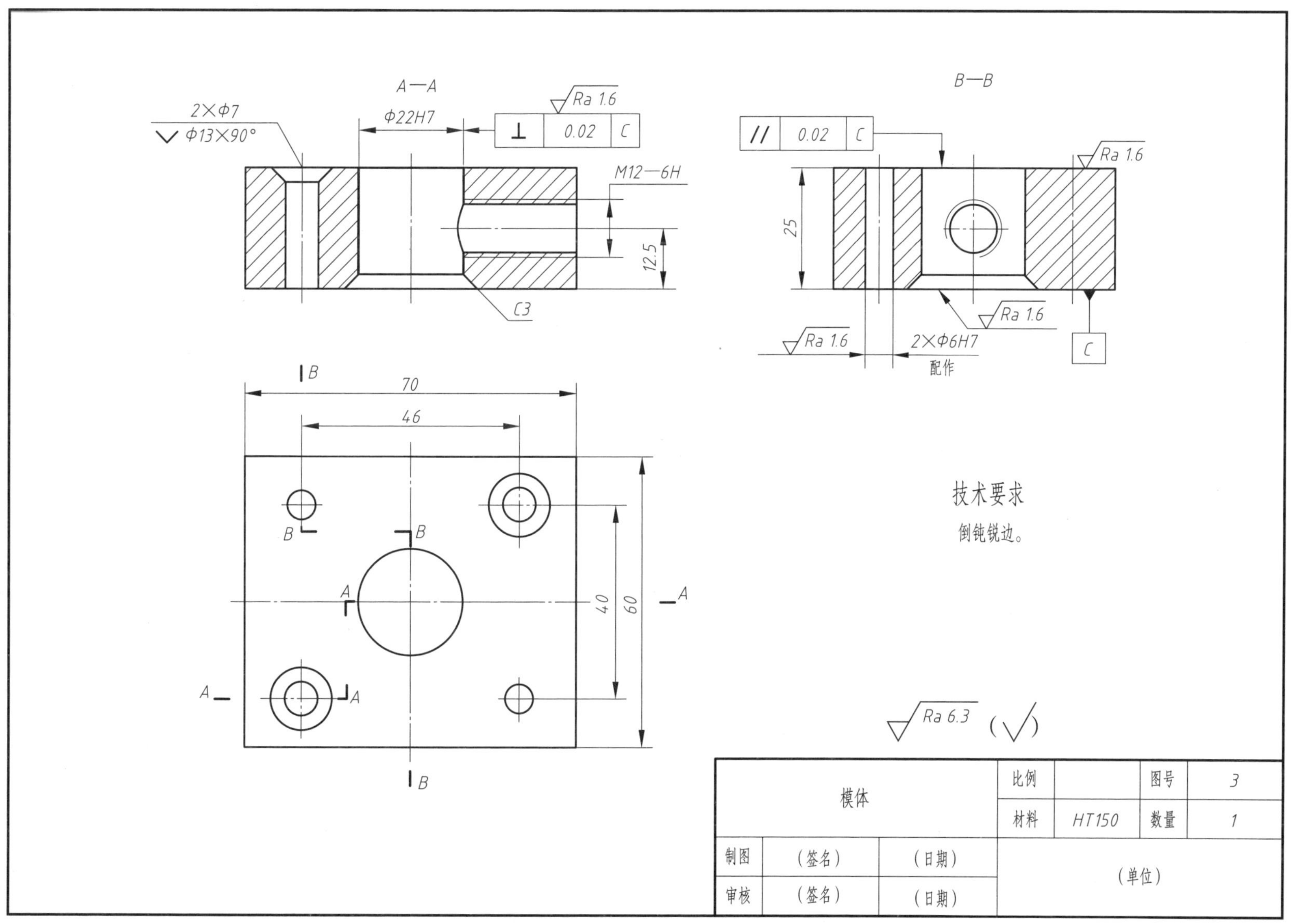

模体		比例		图号	3
		材料	HT150	数量	1
制图	（签名）	（日期）	（单位）		
审核	（签名）	（日期）			

8-4　绘制手把和套筒零件图，并将其创建为图块

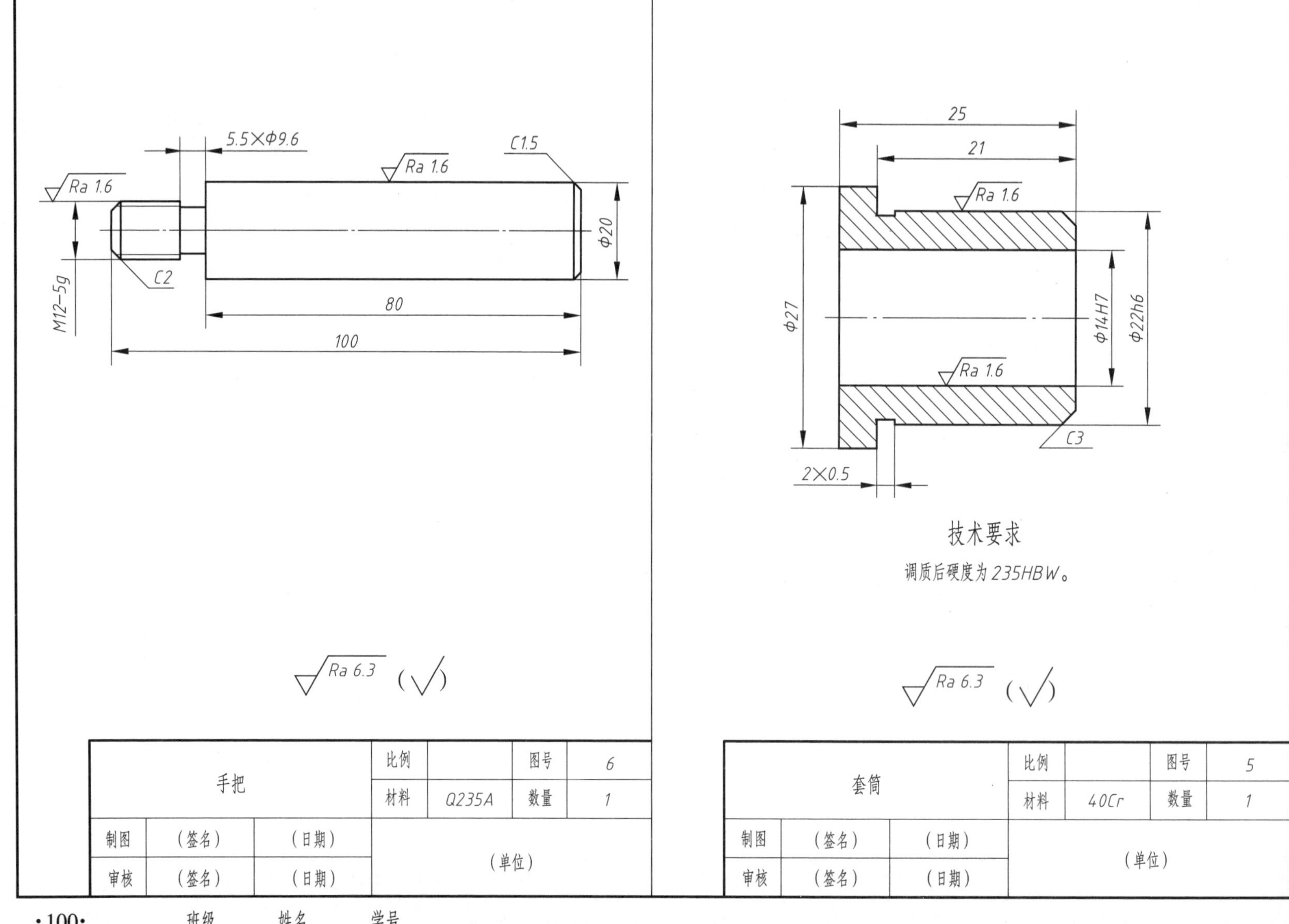

手把		比例		图号	6
		材料	Q235A	数量	1
制图	(签名)	(日期)	(单位)		
审核	(签名)	(日期)			

套筒		比例		图号	5
		材料	40Cr	数量	1
制图	(签名)	(日期)	(单位)		
审核	(签名)	(日期)			

8-5-1 绘制截止阀装配图

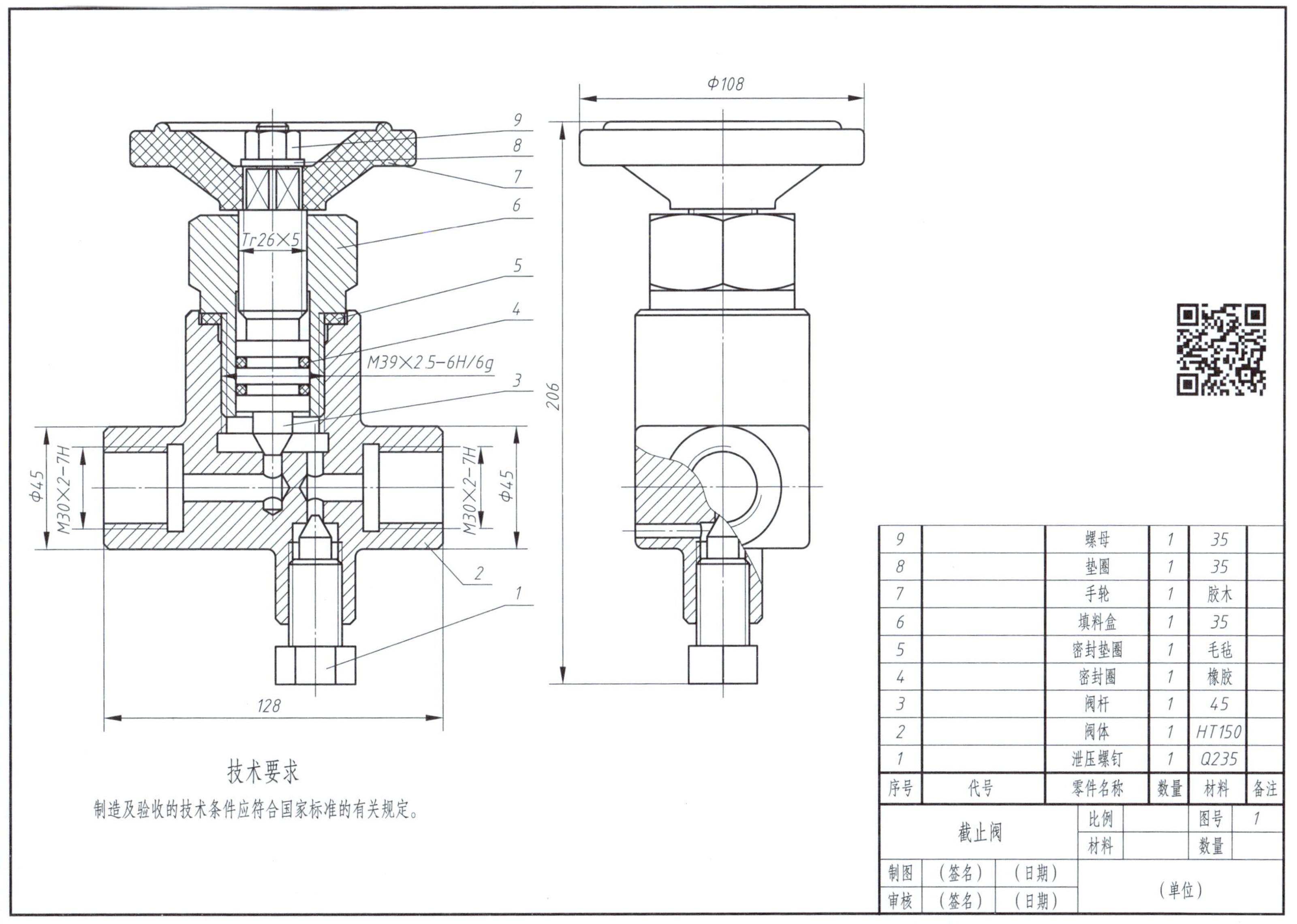

序号	代号	零件名称	数量	材料	备注
9		螺母	1	35	
8		垫圈	1	35	
7		手轮	1	胶木	
6		填料盒	1	35	
5		密封垫圈	1	毛毡	
4		密封圈	1	橡胶	
3		阀杆	1	45	
2		阀体	1	HT150	
1		泄压螺钉	1	Q235	

截止阀		比例		图号	1
		材料		数量	
制图	（签名）	（日期）	（单位）		
审核	（签名）	（日期）			

8–5–2　绘制截止阀装配示意图

8–6　绘制填料盒零件图，并将其创建为图块

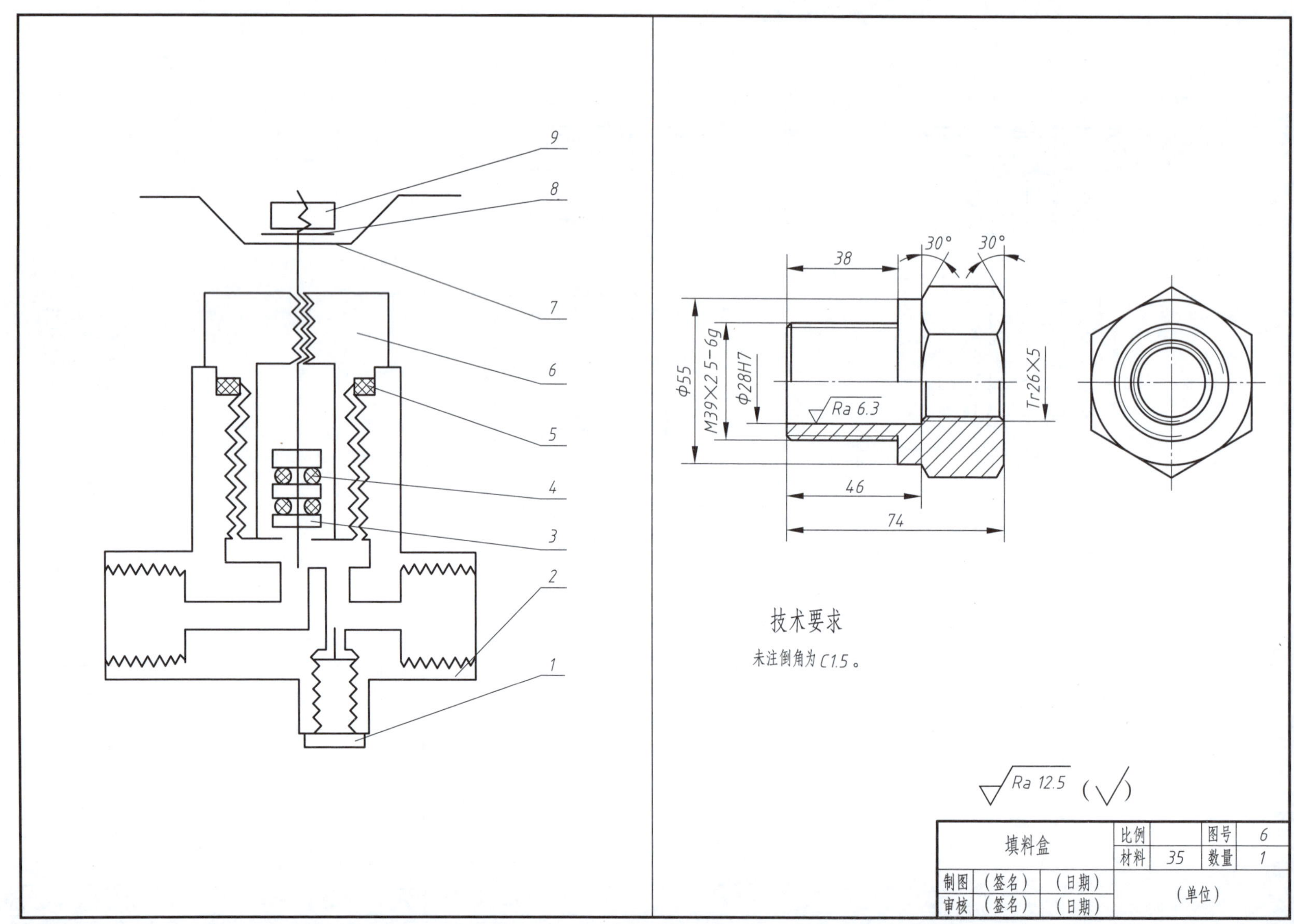

　　班级　　姓名　　学号

8-7 绘制手轮、泄压螺钉、密封垫圈零件图，并将其创建为图块

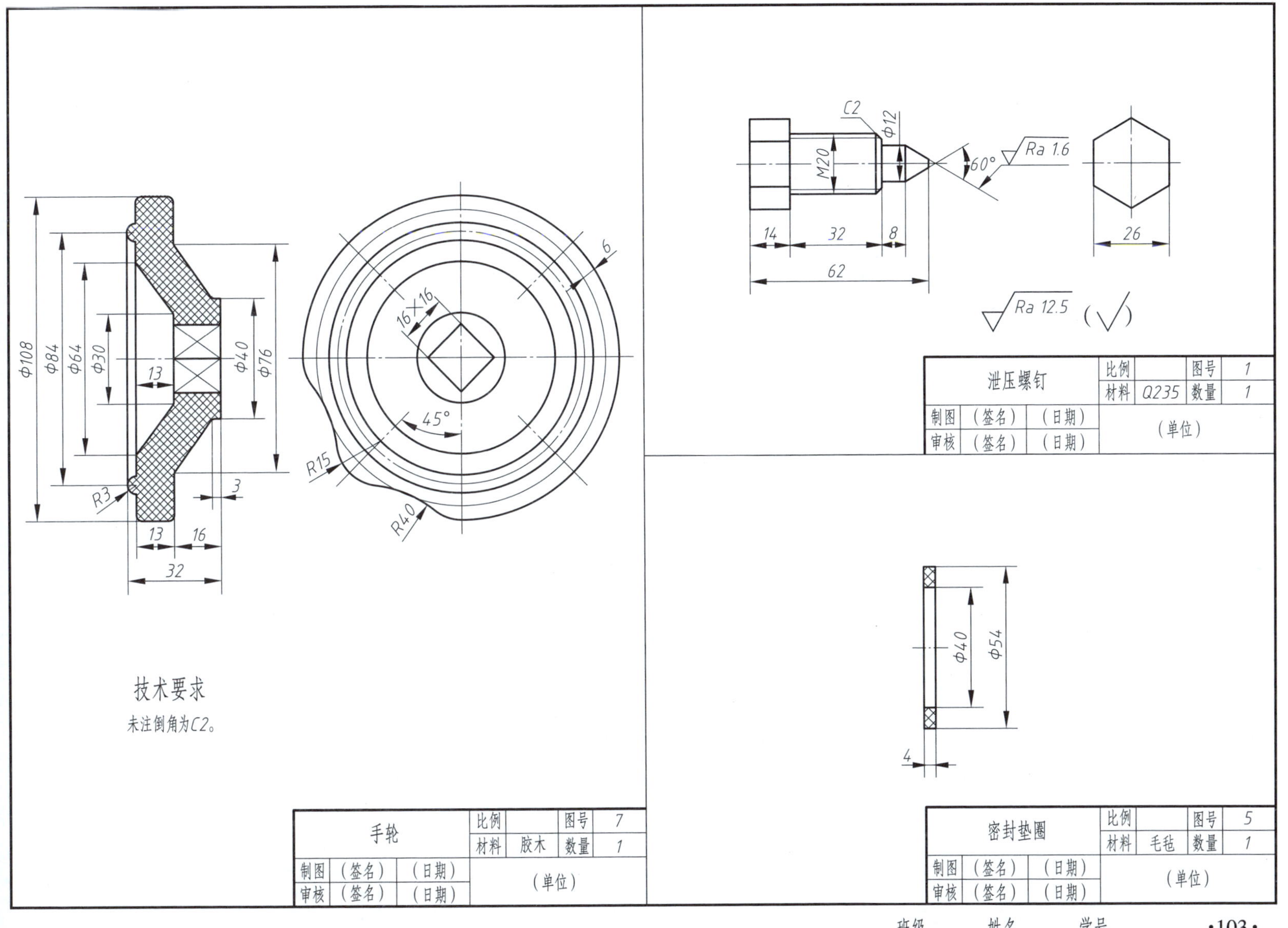

班级 姓名 学号

8–8 绘制阀体零件图，并将其创建为图块

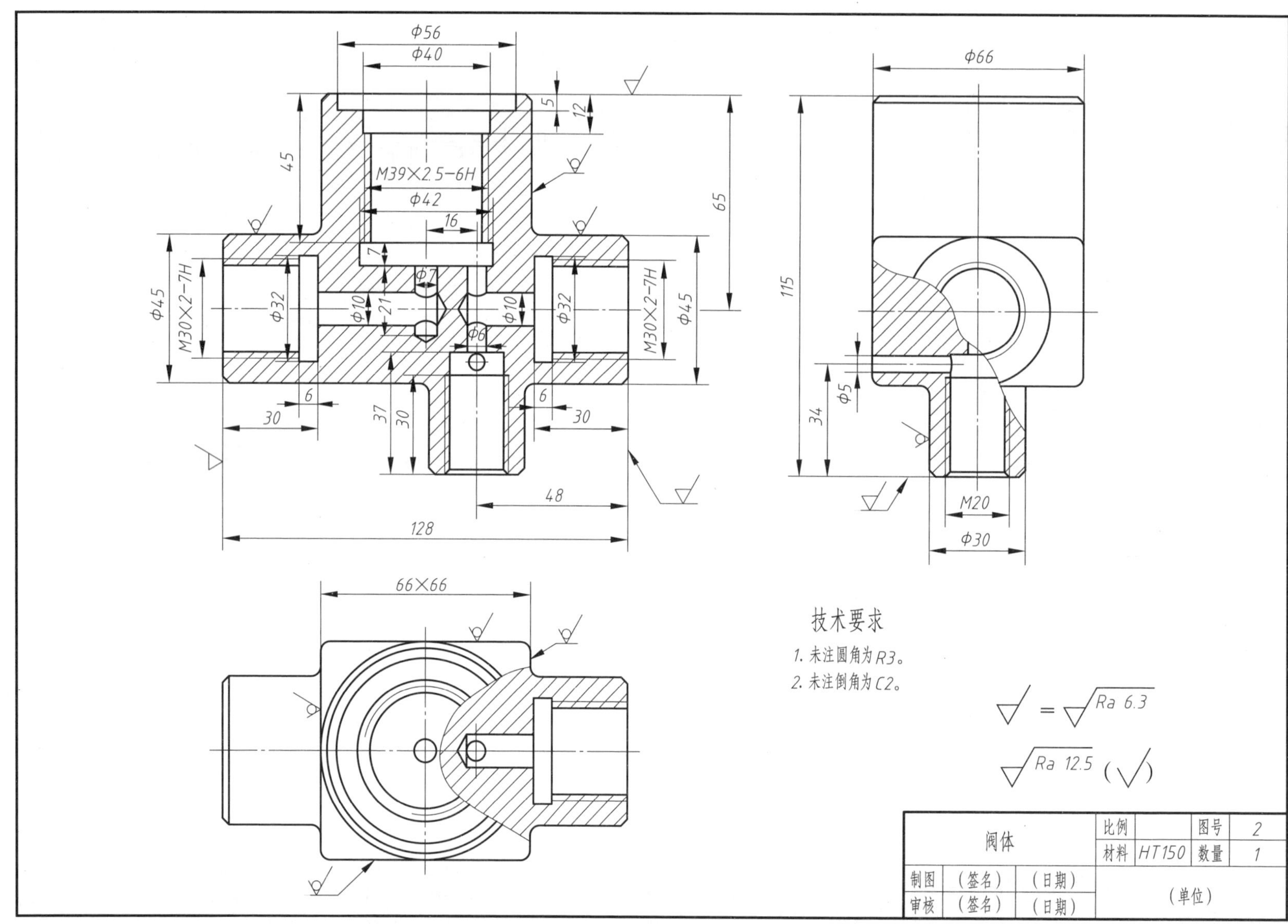

 班级 姓名 学号

8-9　绘制阀杆、密封圈、螺母、垫圈零件图，并将其创建为图块

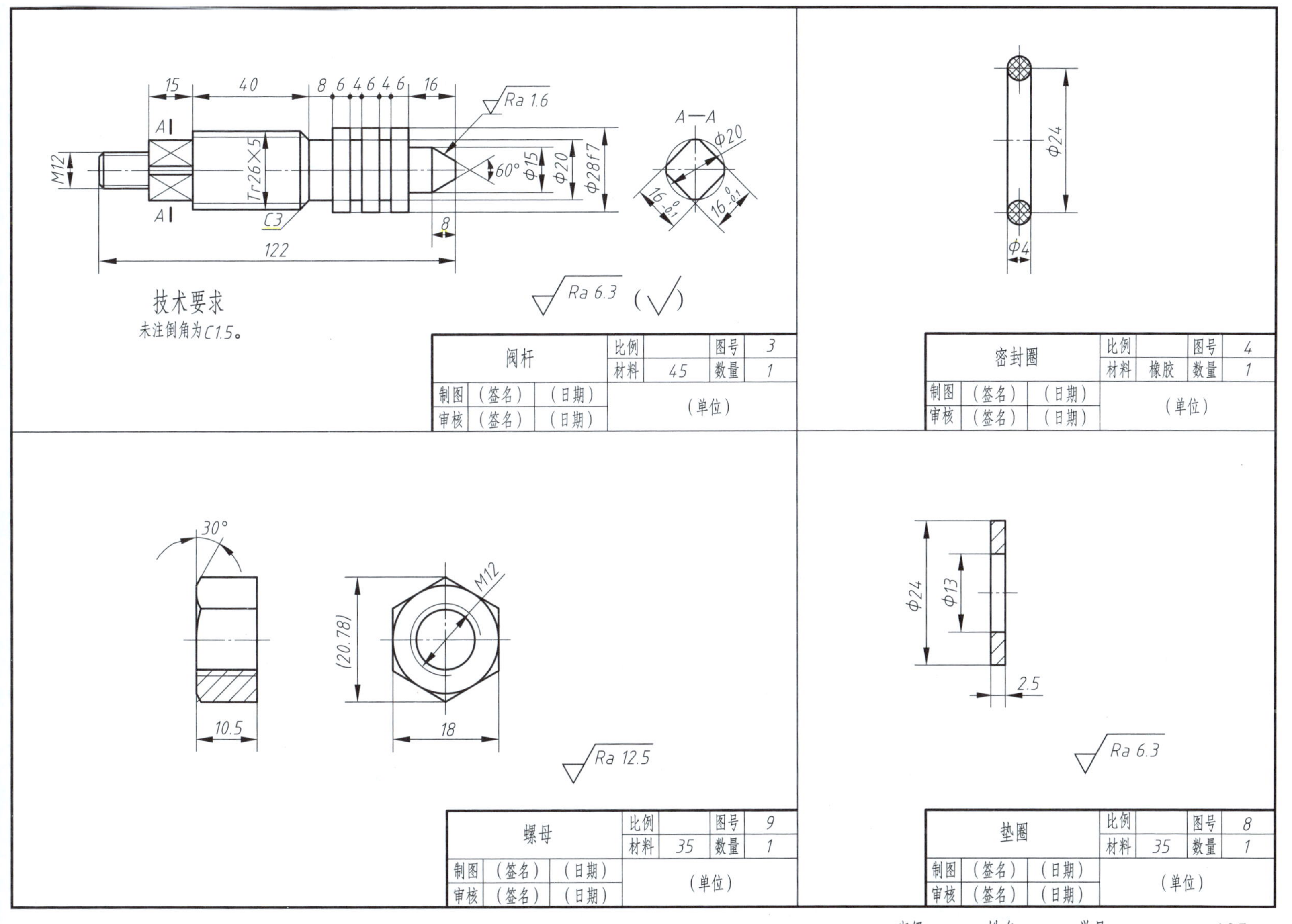

阀杆		比例		图号	3
		材料	45	数量	1
制图	（签名）	（日期）	（单位）		
审核	（签名）	（日期）			

密封圈		比例		图号	4
		材料	橡胶	数量	1
制图	（签名）	（日期）	（单位）		
审核	（签名）	（日期）			

螺母		比例		图号	9
		材料	35	数量	1
制图	（签名）	（日期）	（单位）		
审核	（签名）	（日期）			

垫圈		比例		图号	8
		材料	35	数量	1
制图	（签名）	（日期）	（单位）		
审核	（签名）	（日期）			

第九章　绘制三维实体

9-1　根据轴测图绘制三维实体

1.

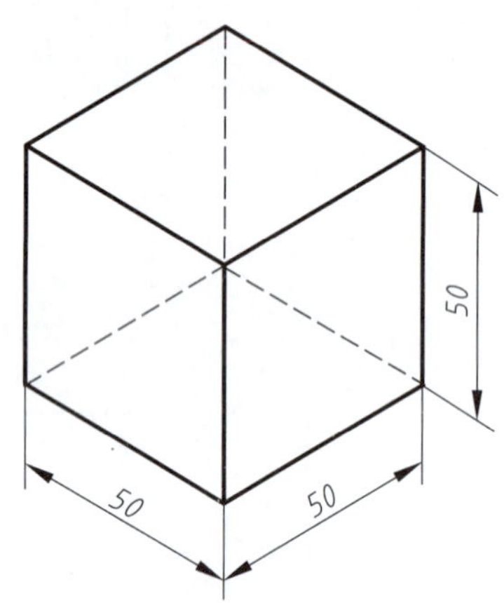

2.

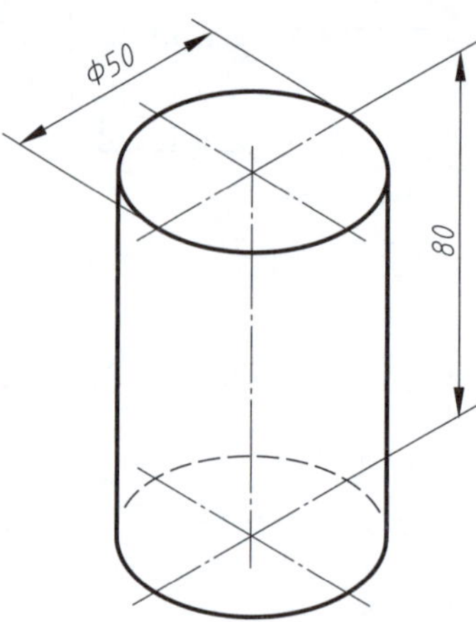

3.

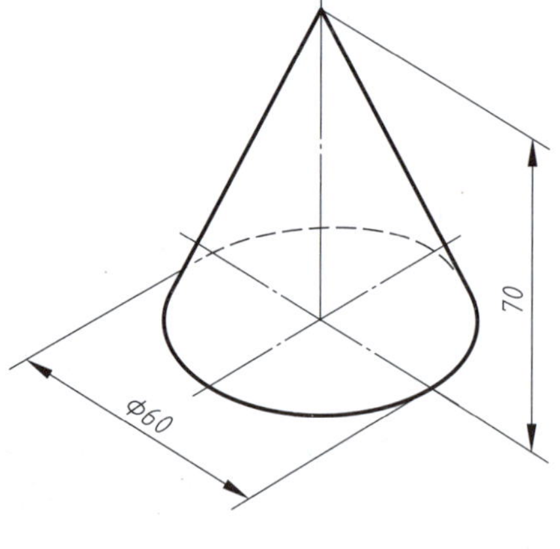

4.

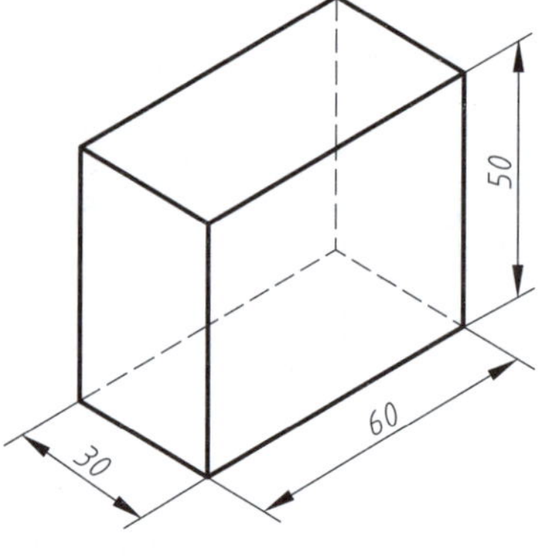

　班级　　姓名　　学号

9-2 根据主视图和俯视图绘制三维实体

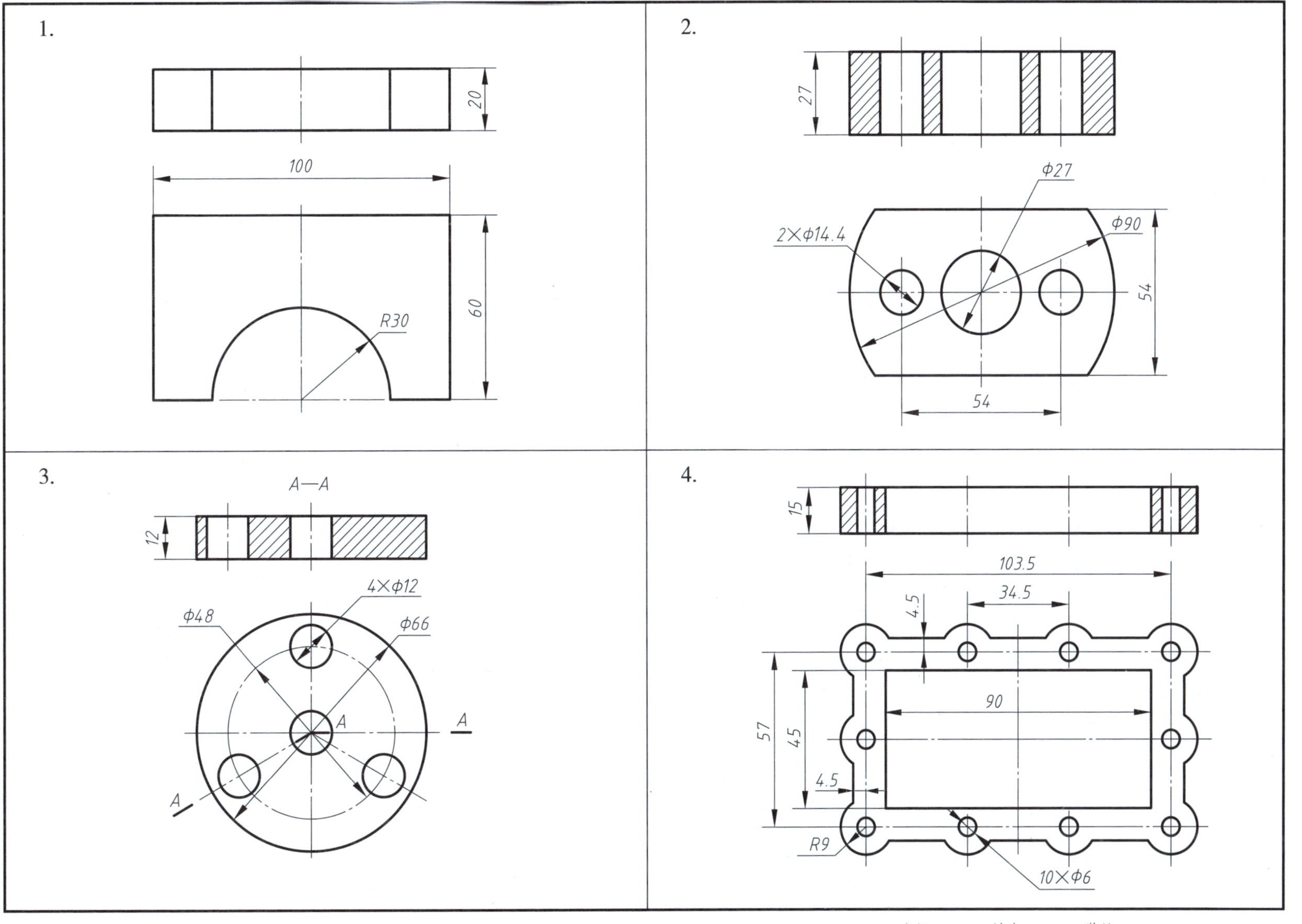

班级　　姓名　　学号

9-3　根据三视图和轴测图绘制三维实体

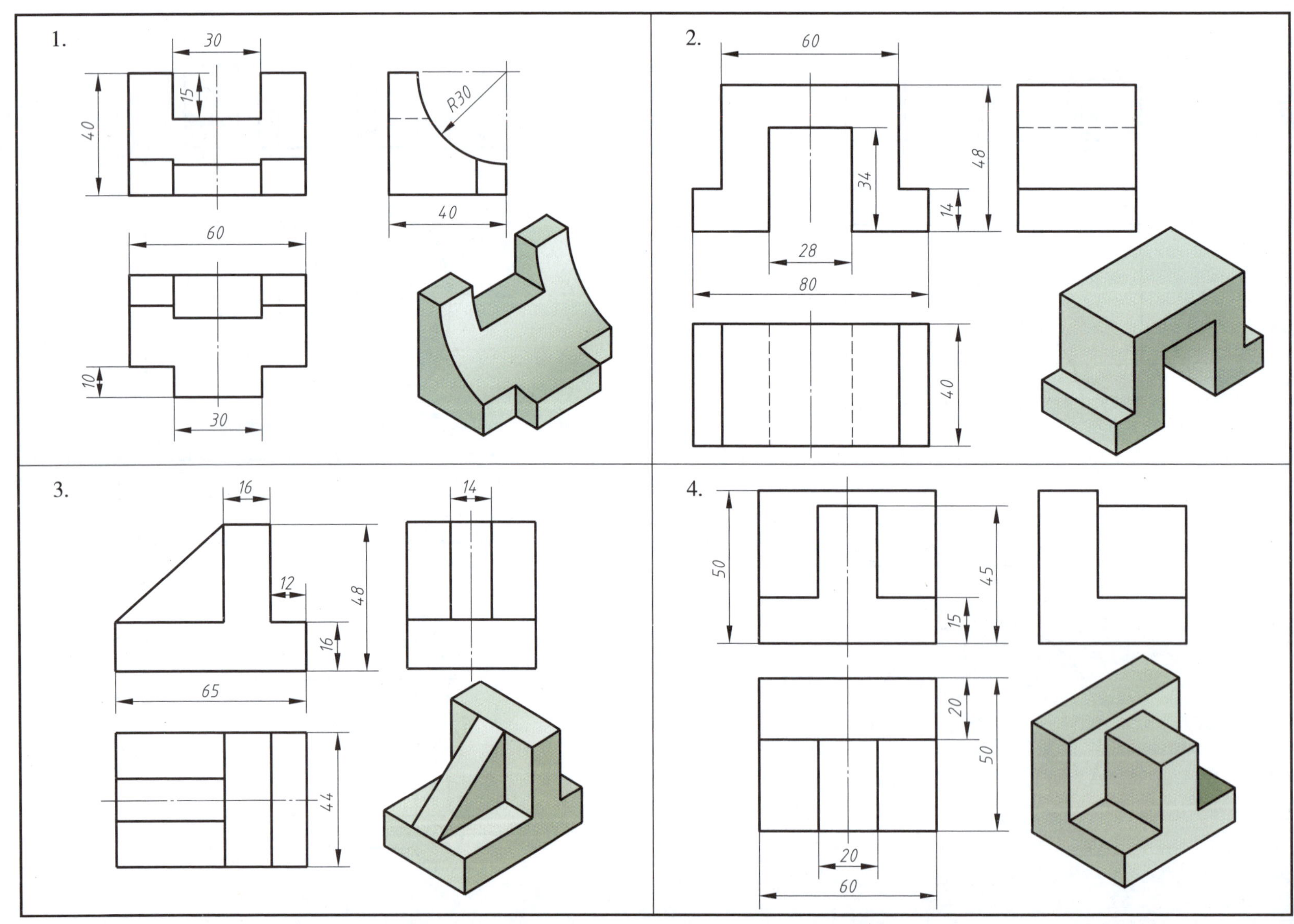

班级　　　　姓名　　　　学号

9-4 根据零件图绘制三维实体（一）

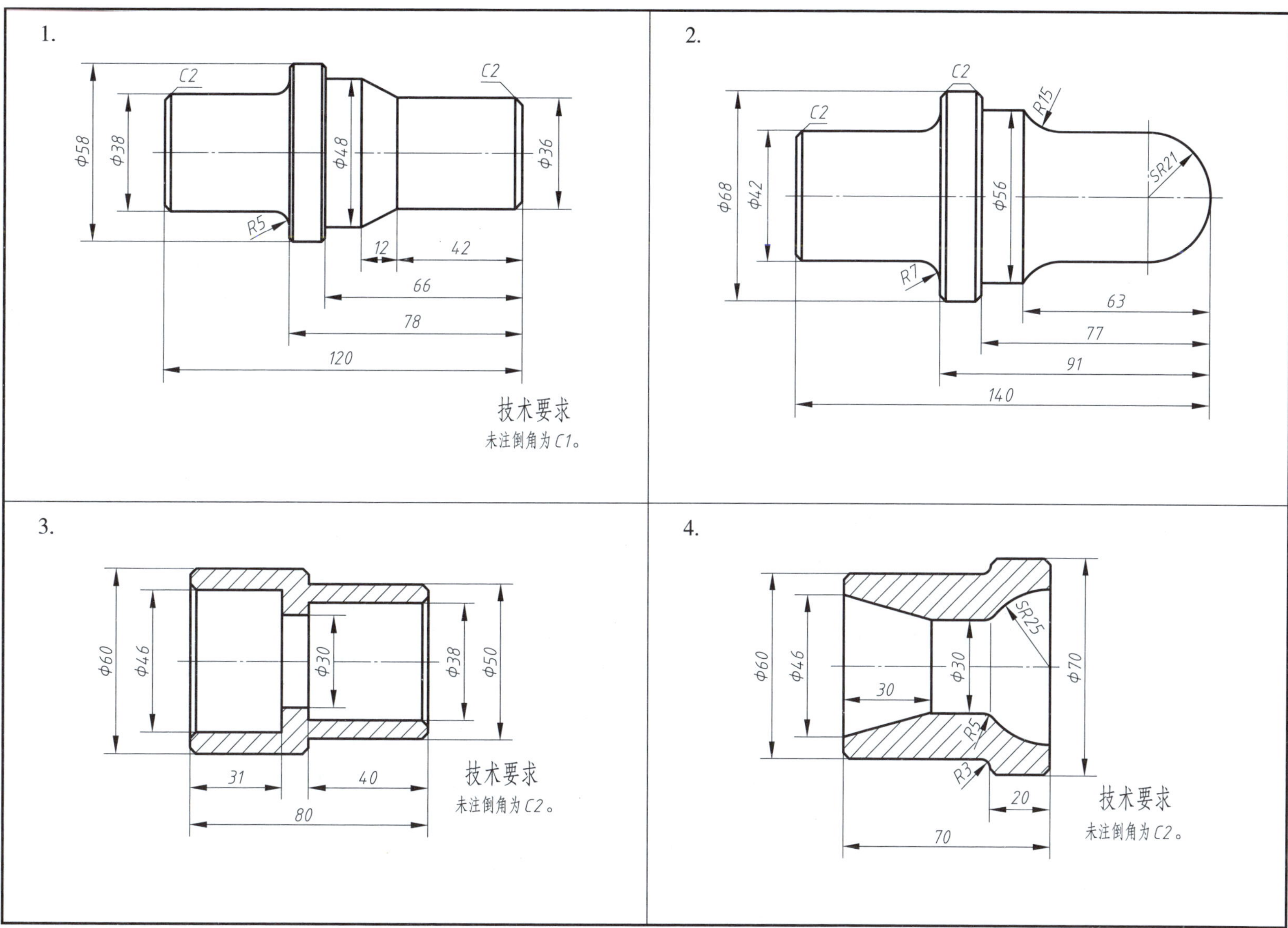

9–5 根据零件图绘制三维实体（二）

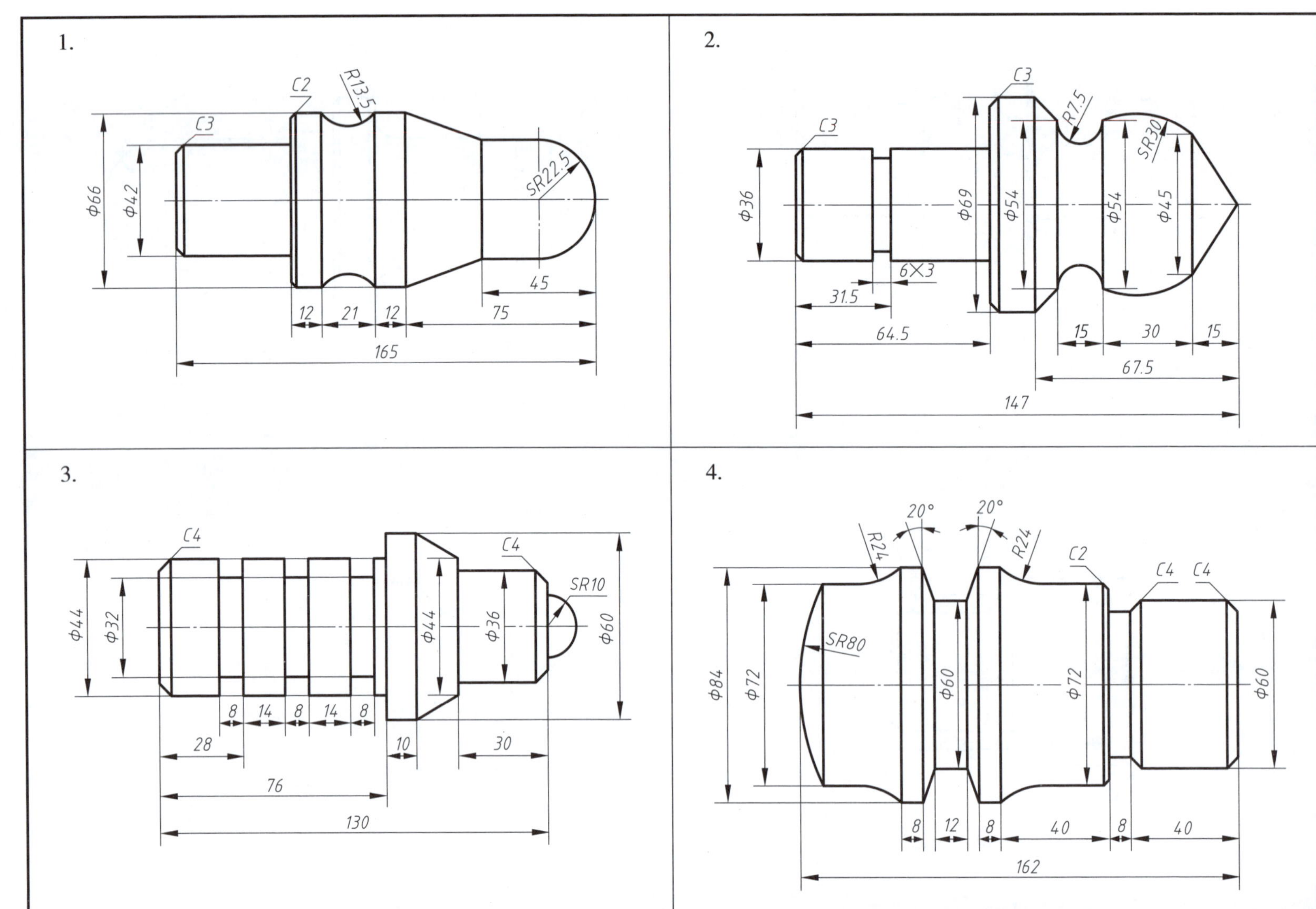

 班级 姓名 学号

9-6　根据零件图绘制三维实体（三）

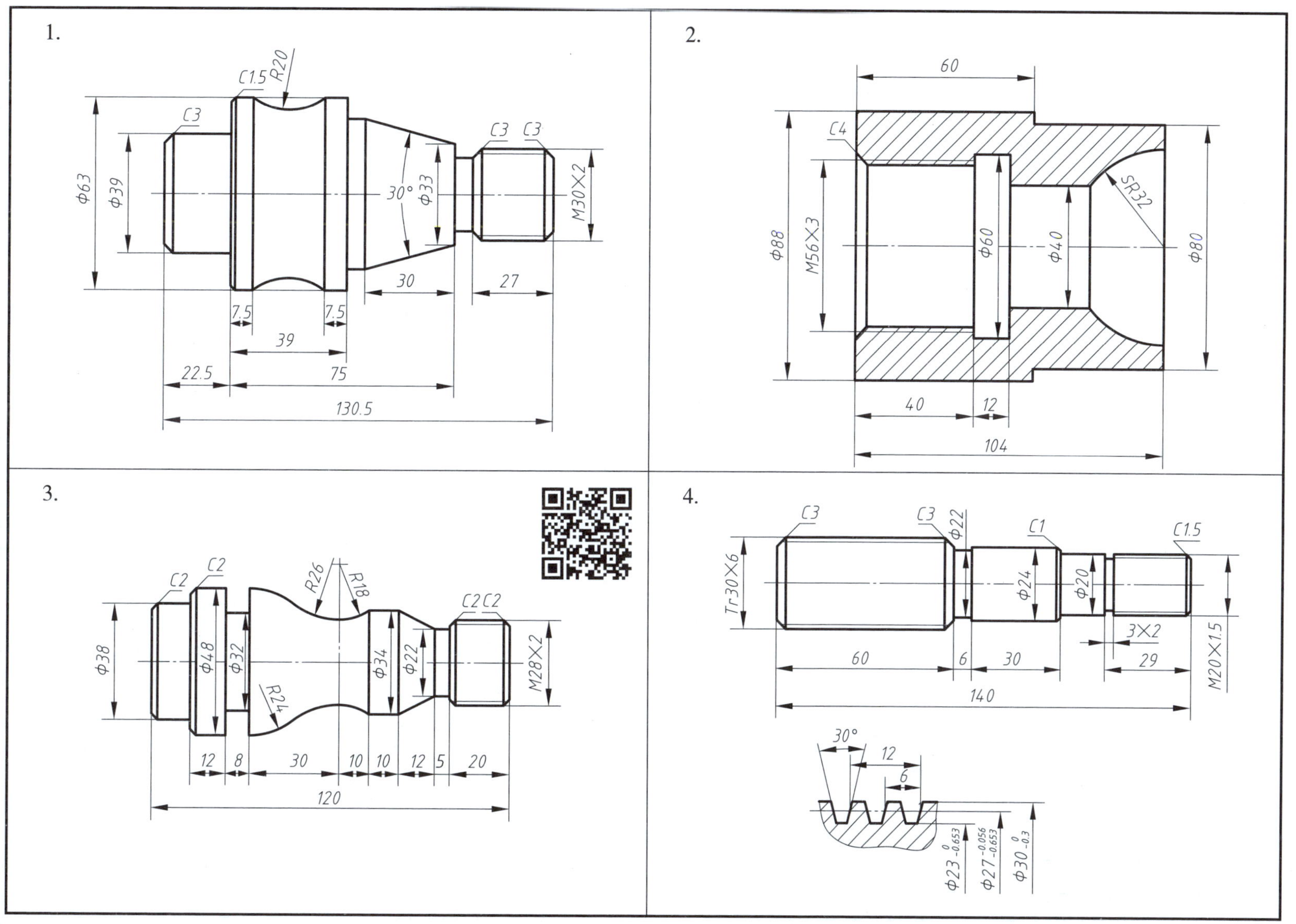

9–7　根据视图绘制三维实体

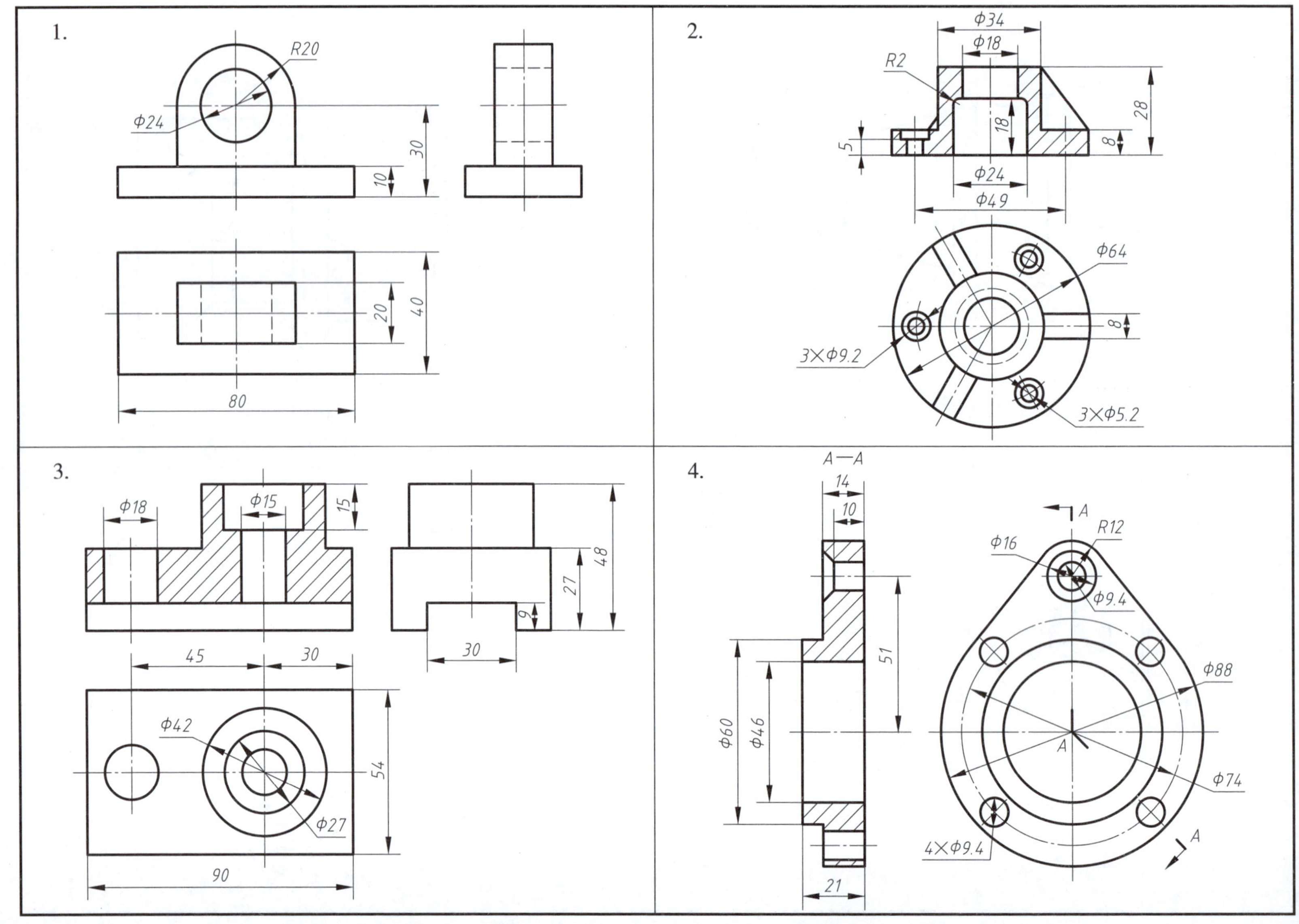

　　班级　　　姓名　　　学号

9-8 根据轴测图绘制三维实体

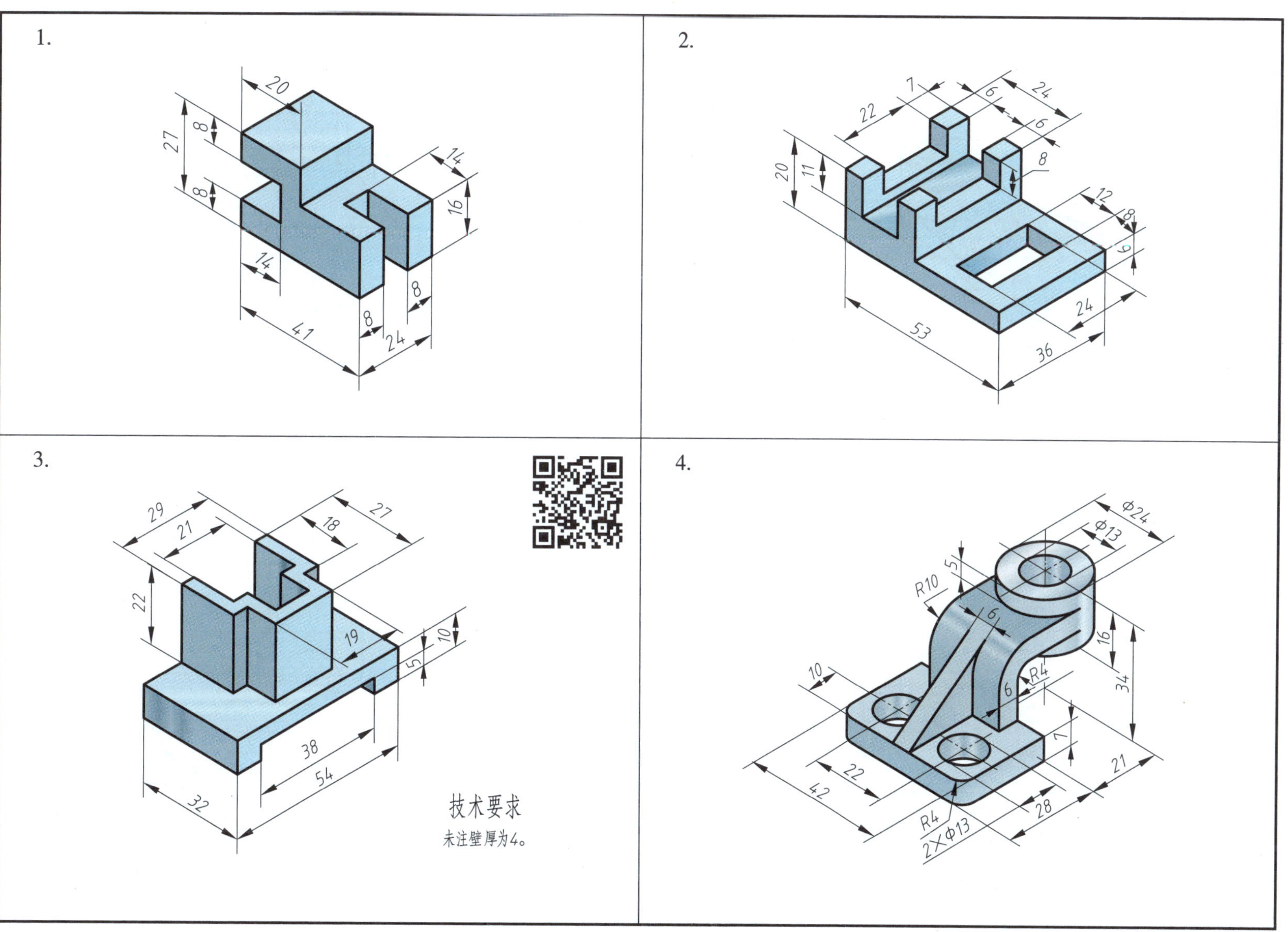

9-9 根据轴测图和视图绘制三维实体（一）

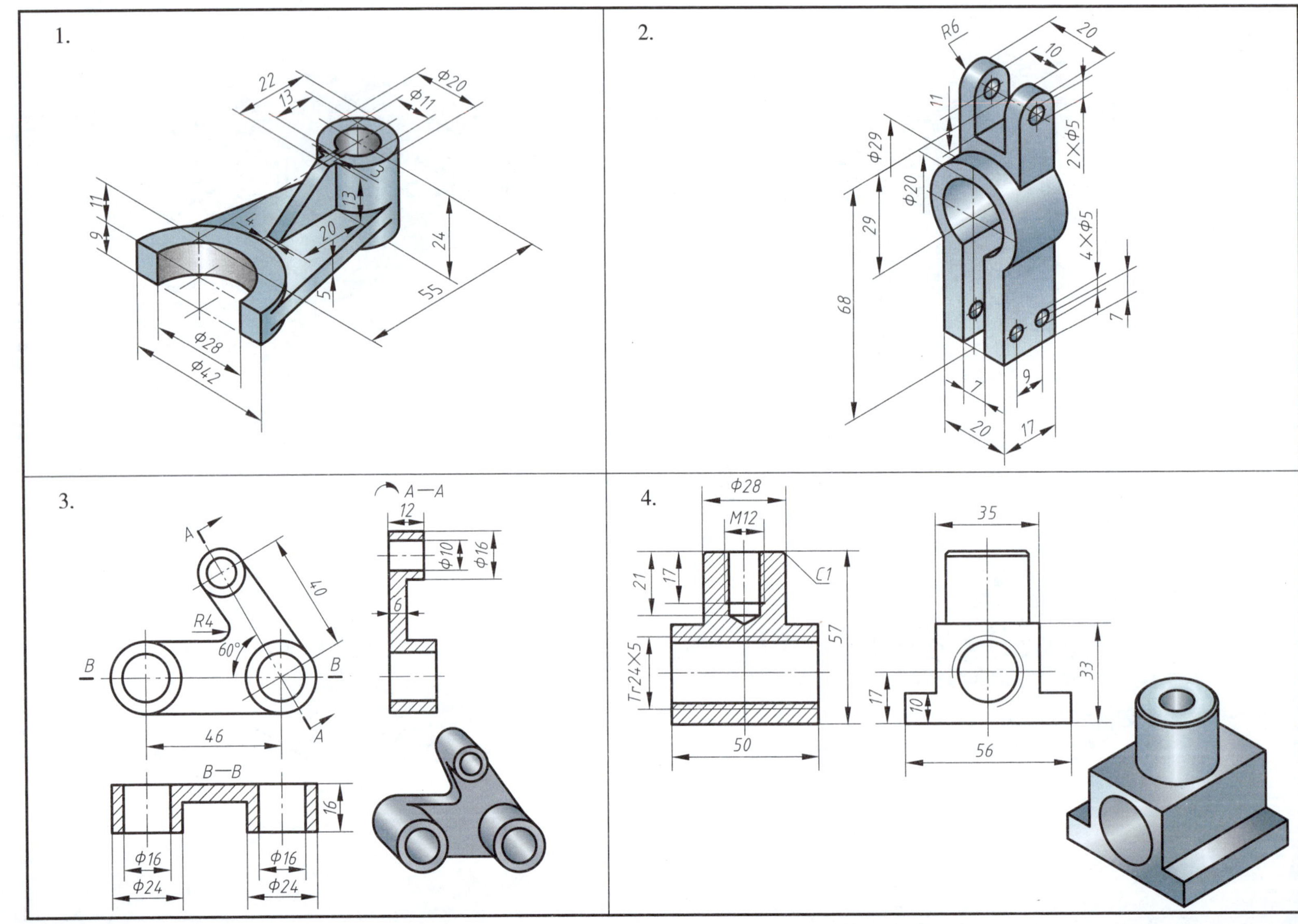

班级　　姓名　　学号

9-10 根据轴测图和视图绘制三维实体（二）

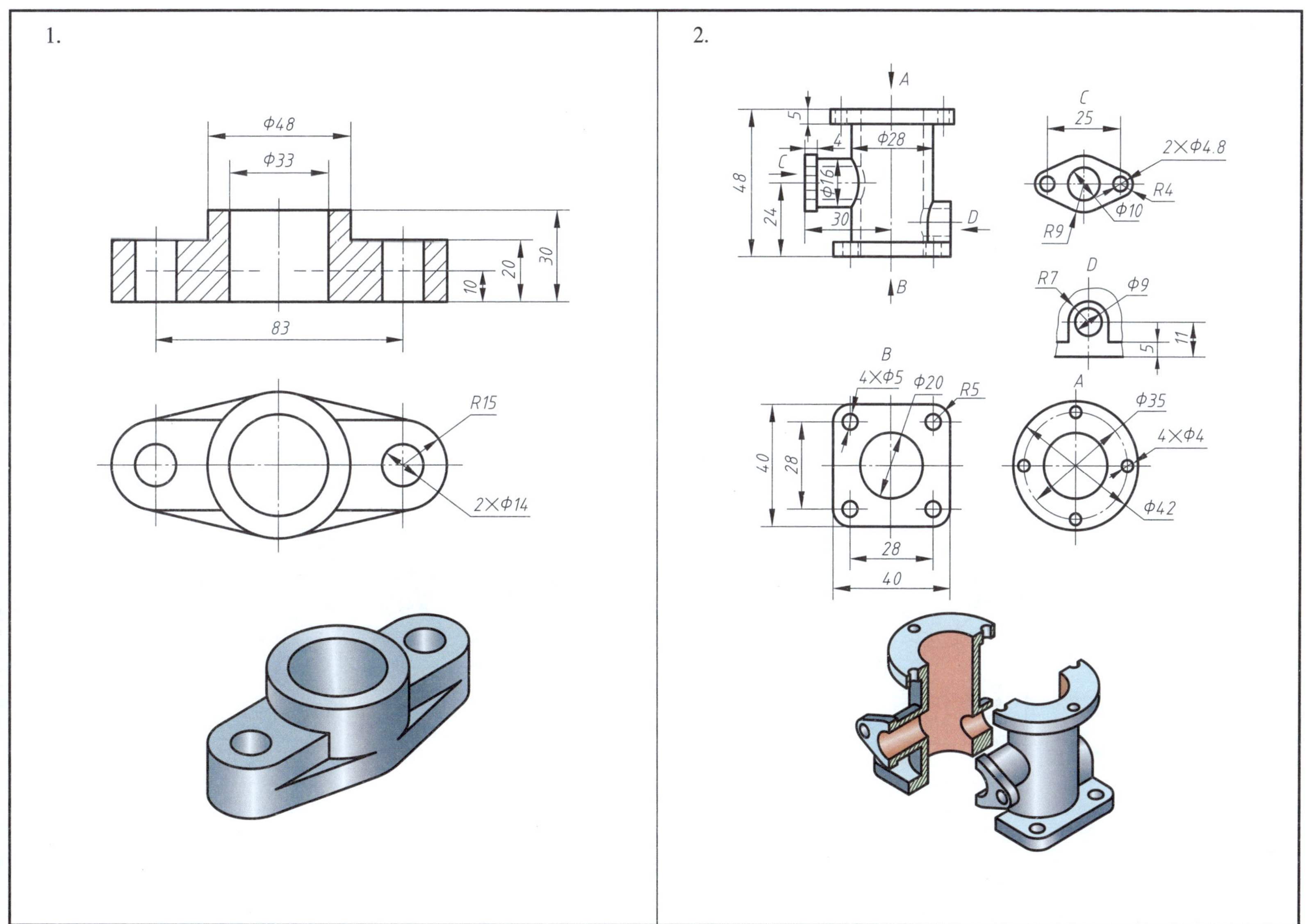

9-11 根据三视图和轴测图绘制平口虎钳钳口三维实体

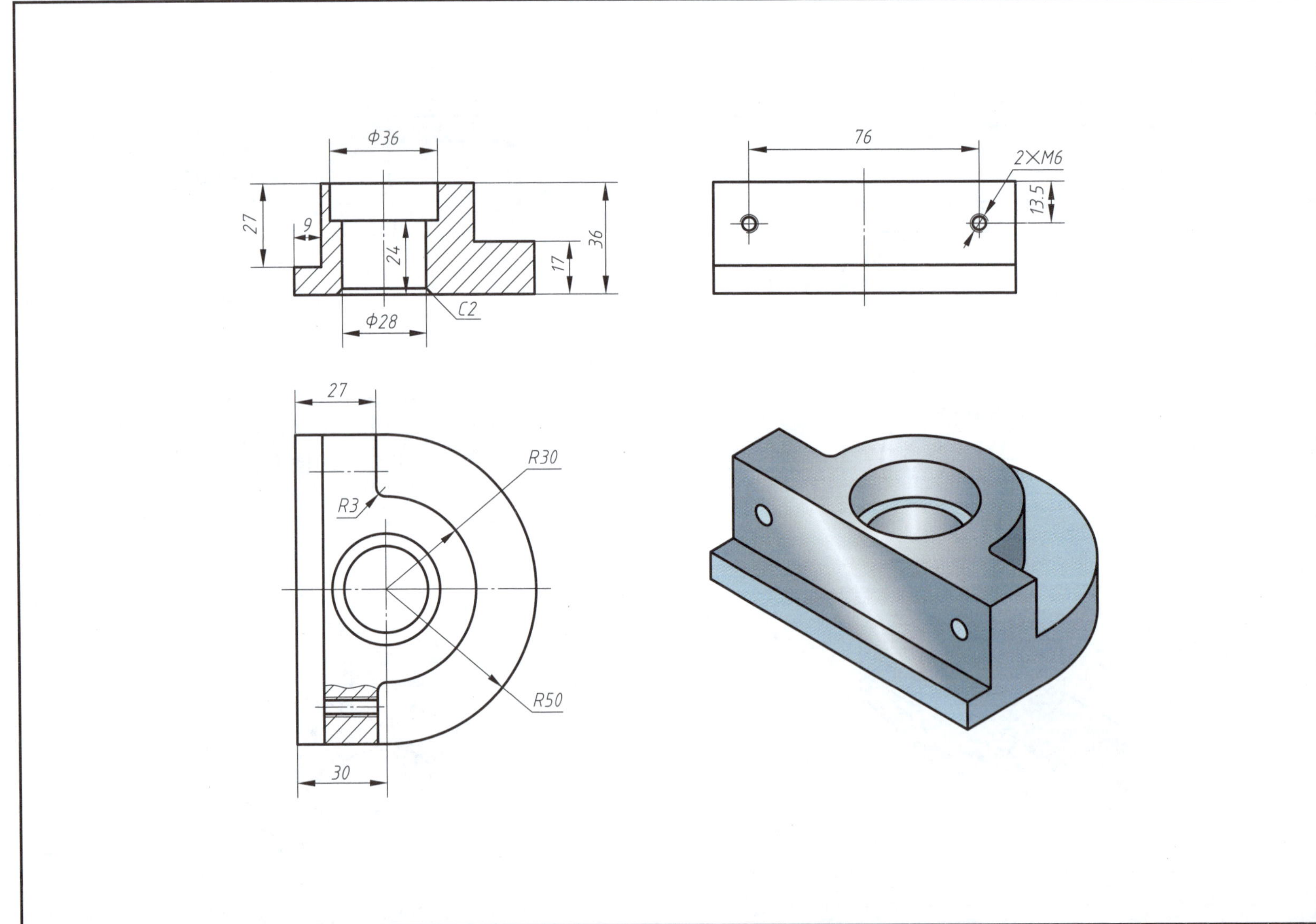

 班级 姓名 学号

9–12　根据视图和轴测图绘制箱盖三维实体

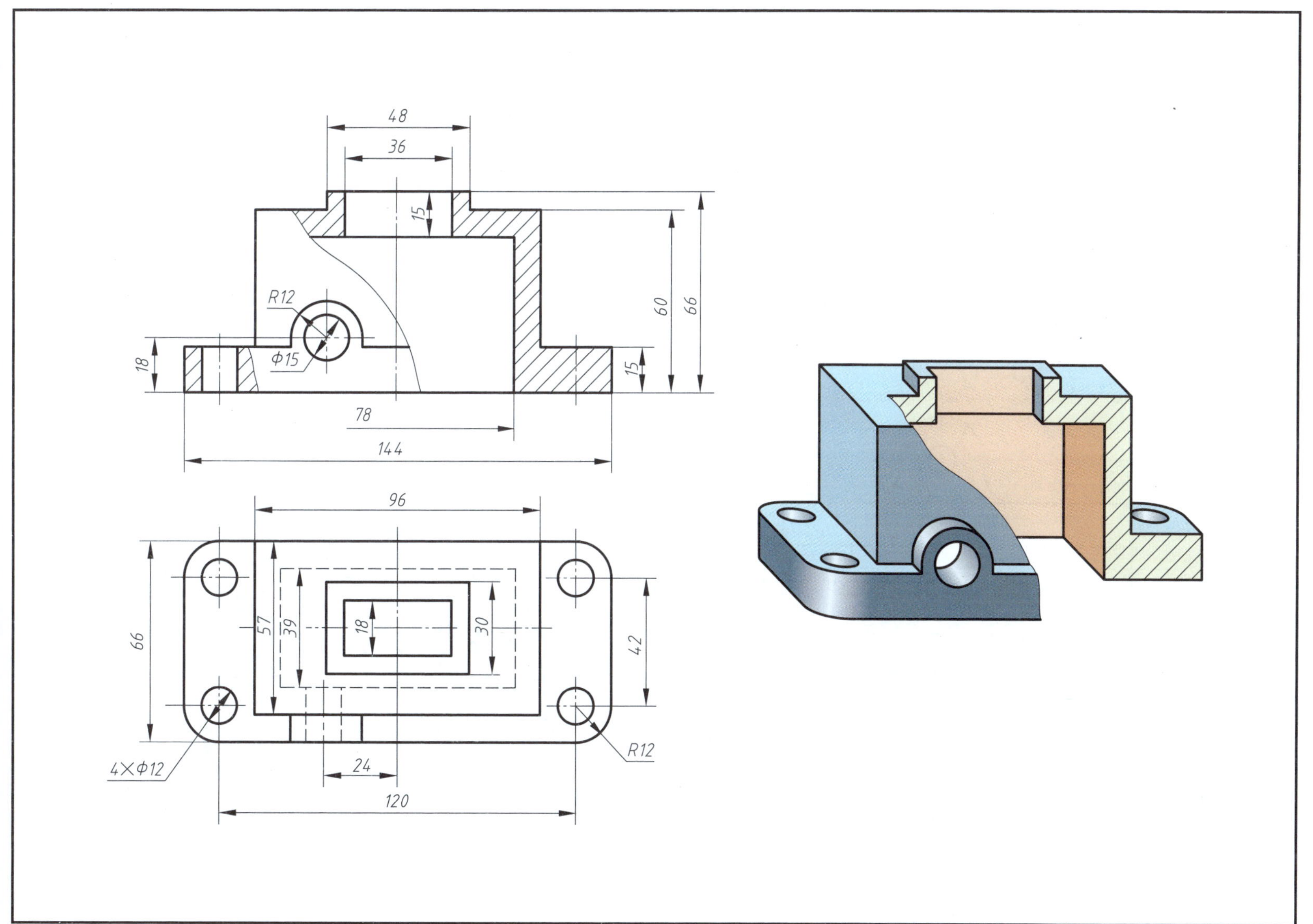

9-13　根据三视图和轴测图绘制平口虎钳钳座三维实体

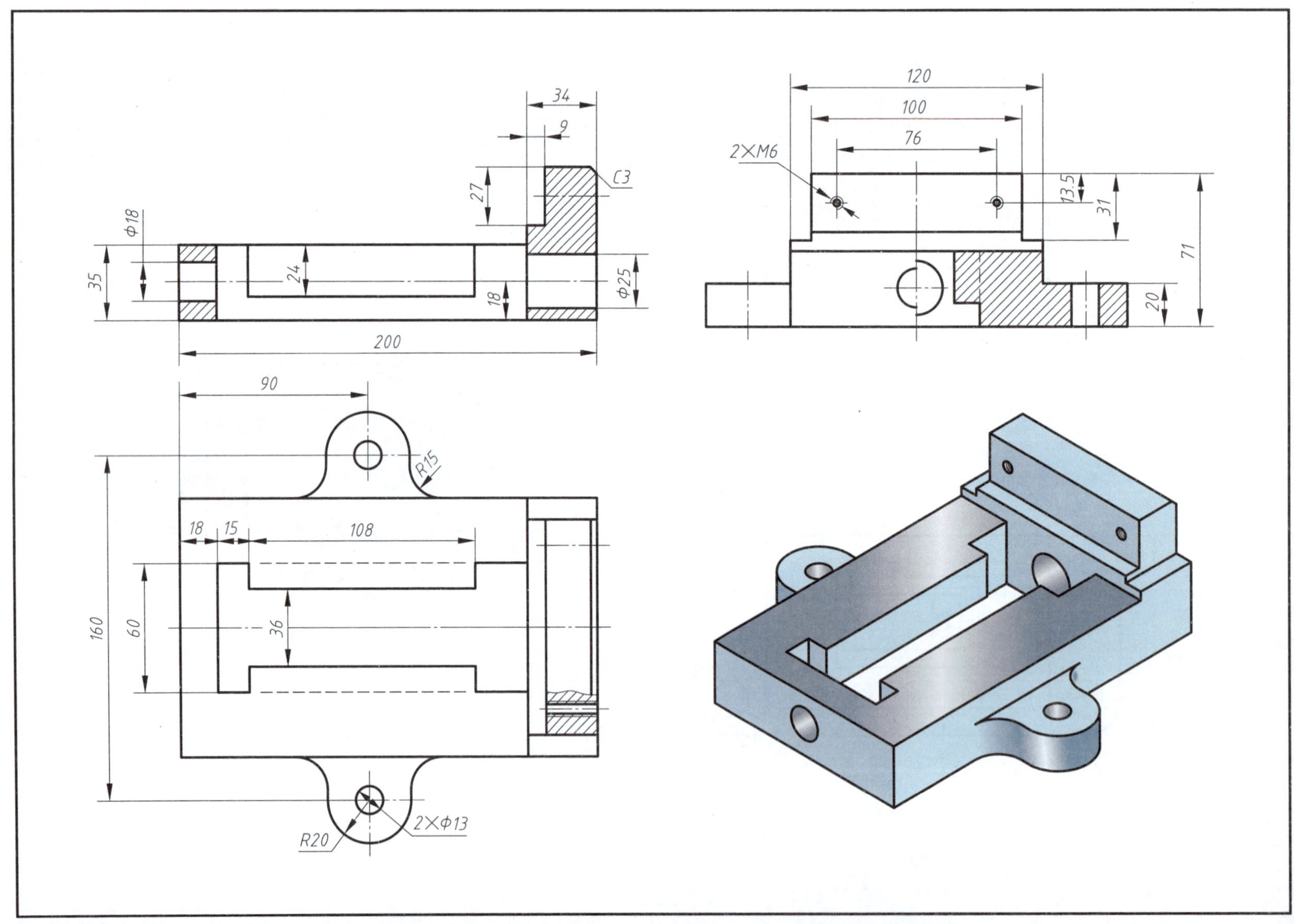

　　班级　　姓名　　学号

9-14 根据视图绘制三维实体（一）

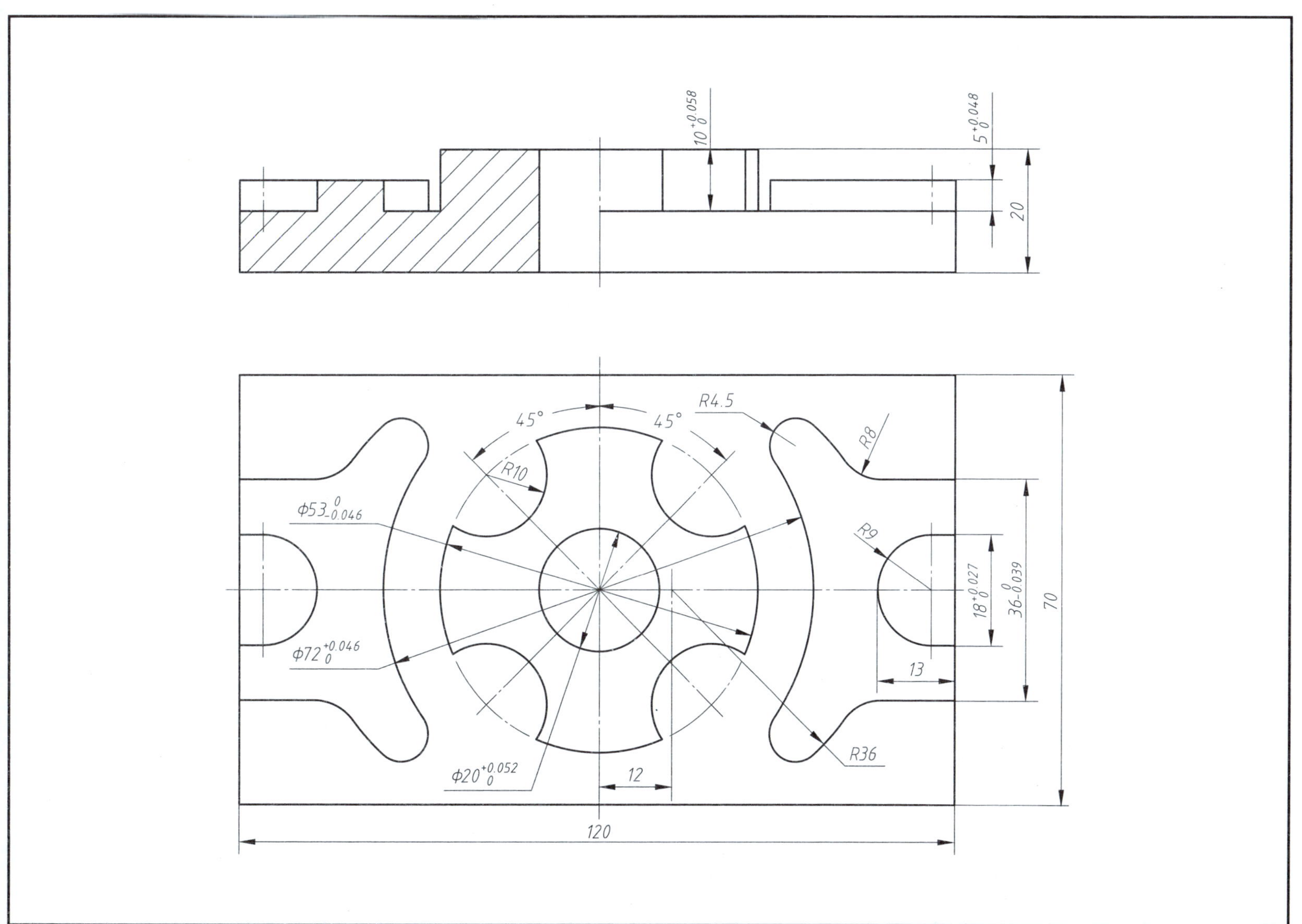

9–15 根据视图绘制三维实体（二）

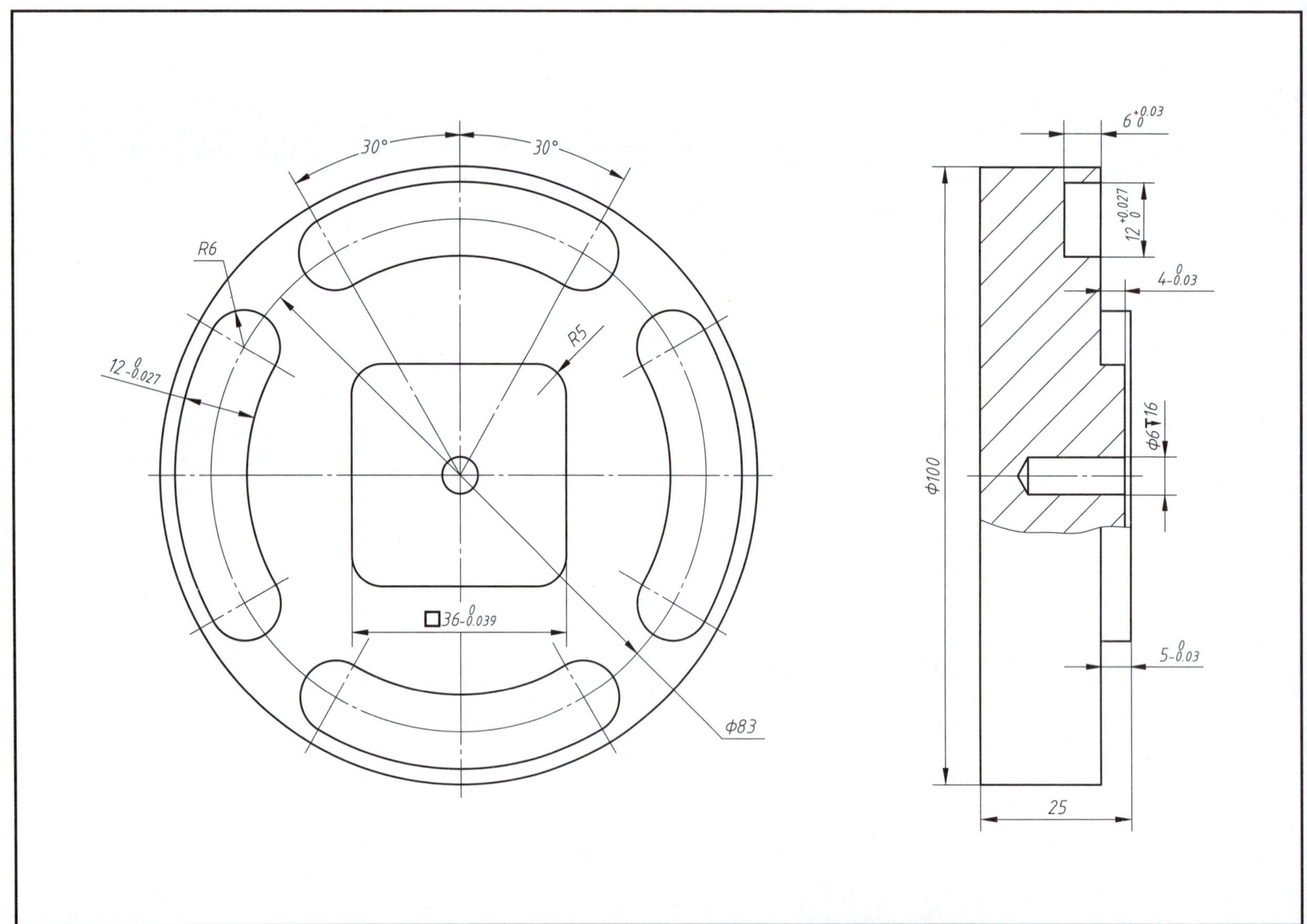

 班级 姓名 学号

9–16 根据视图绘制三维实体（三）

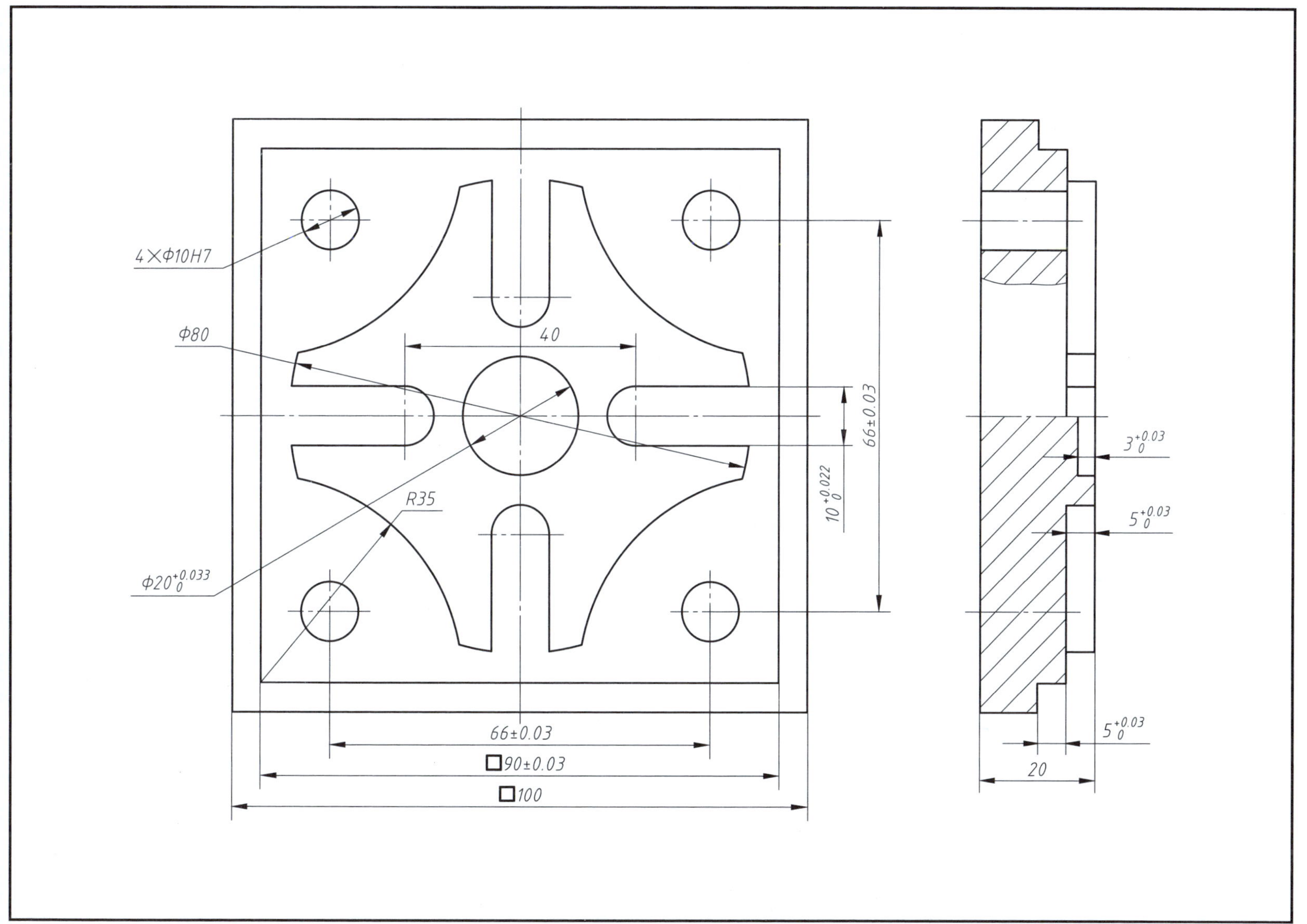

9-17 根据视图绘制三维实体（四）

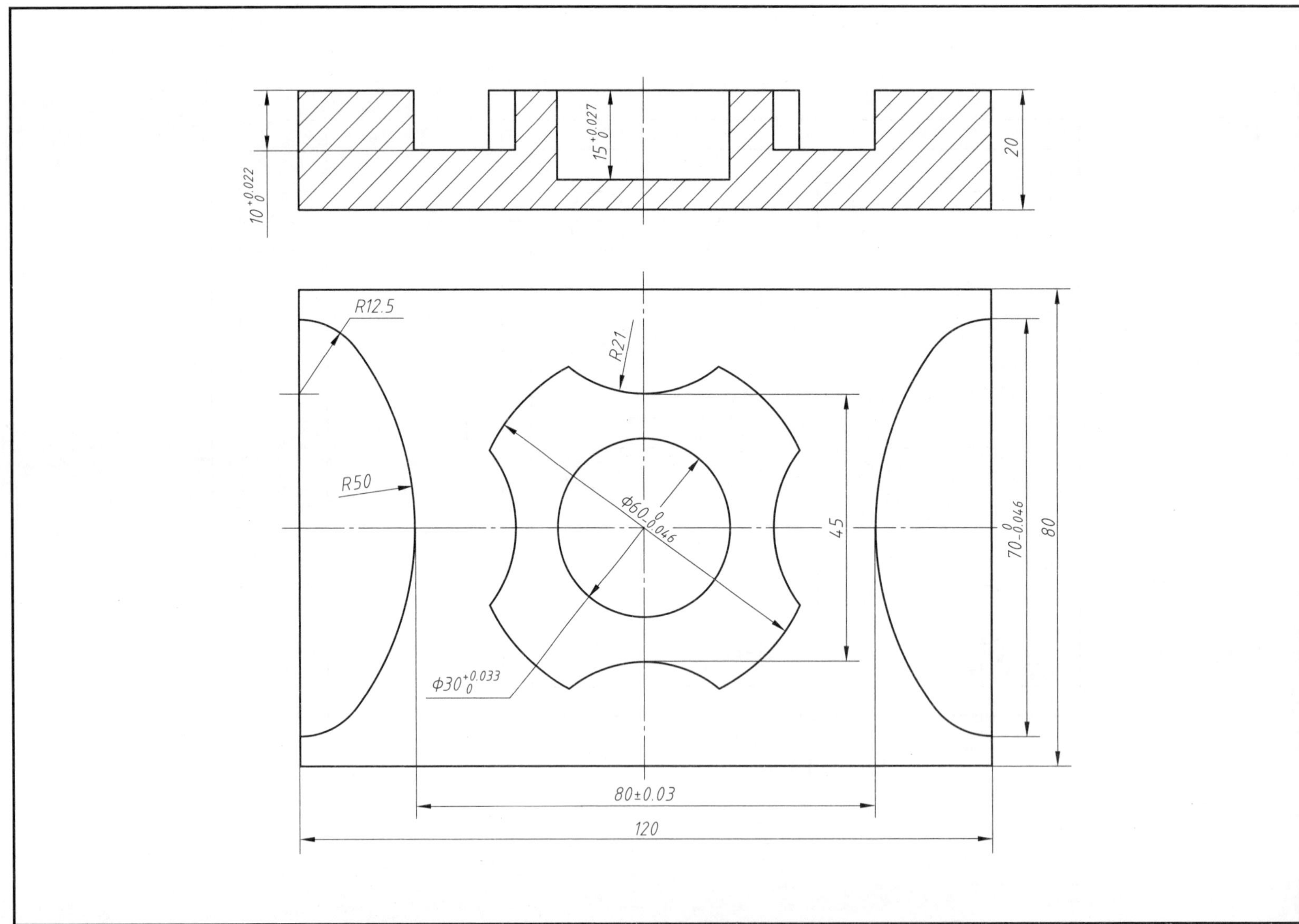

 班级 姓名 学号

9-18 根据视图绘制三维实体（五）

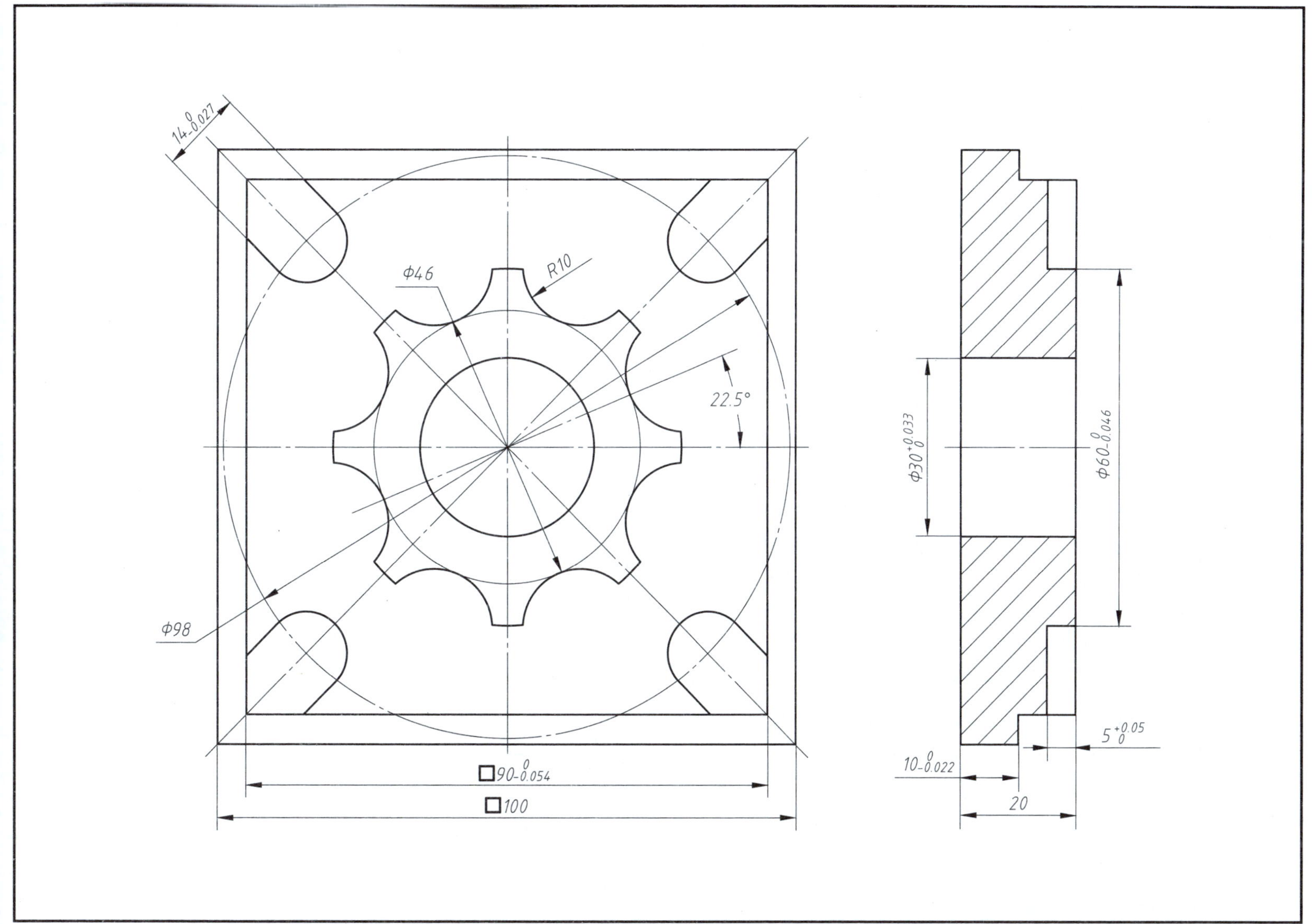

班级　　姓名　　学号

9-19 根据视图绘制三维实体（六）

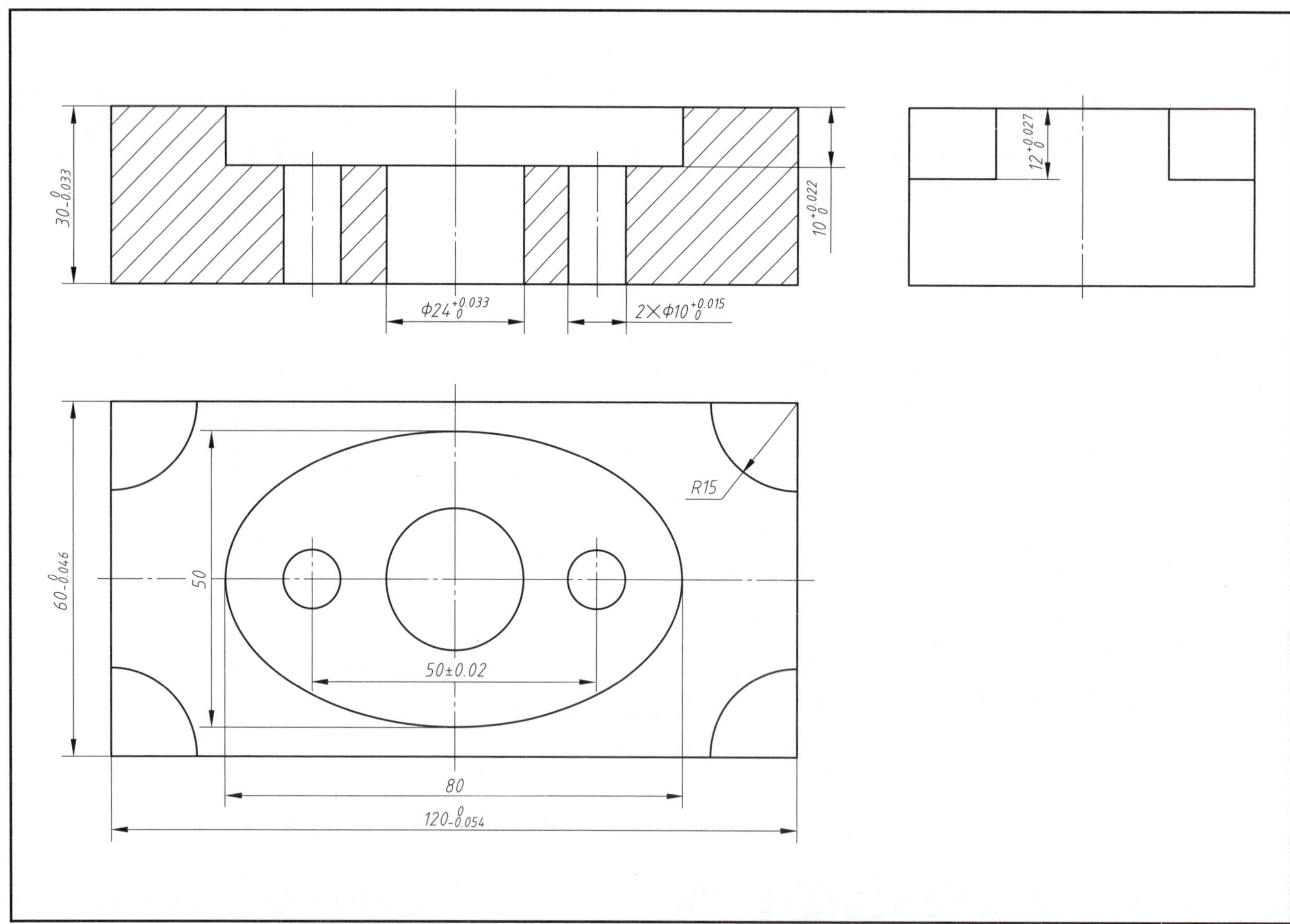

 班级 姓名 学号

9-20　根据视图绘制三维实体（七）

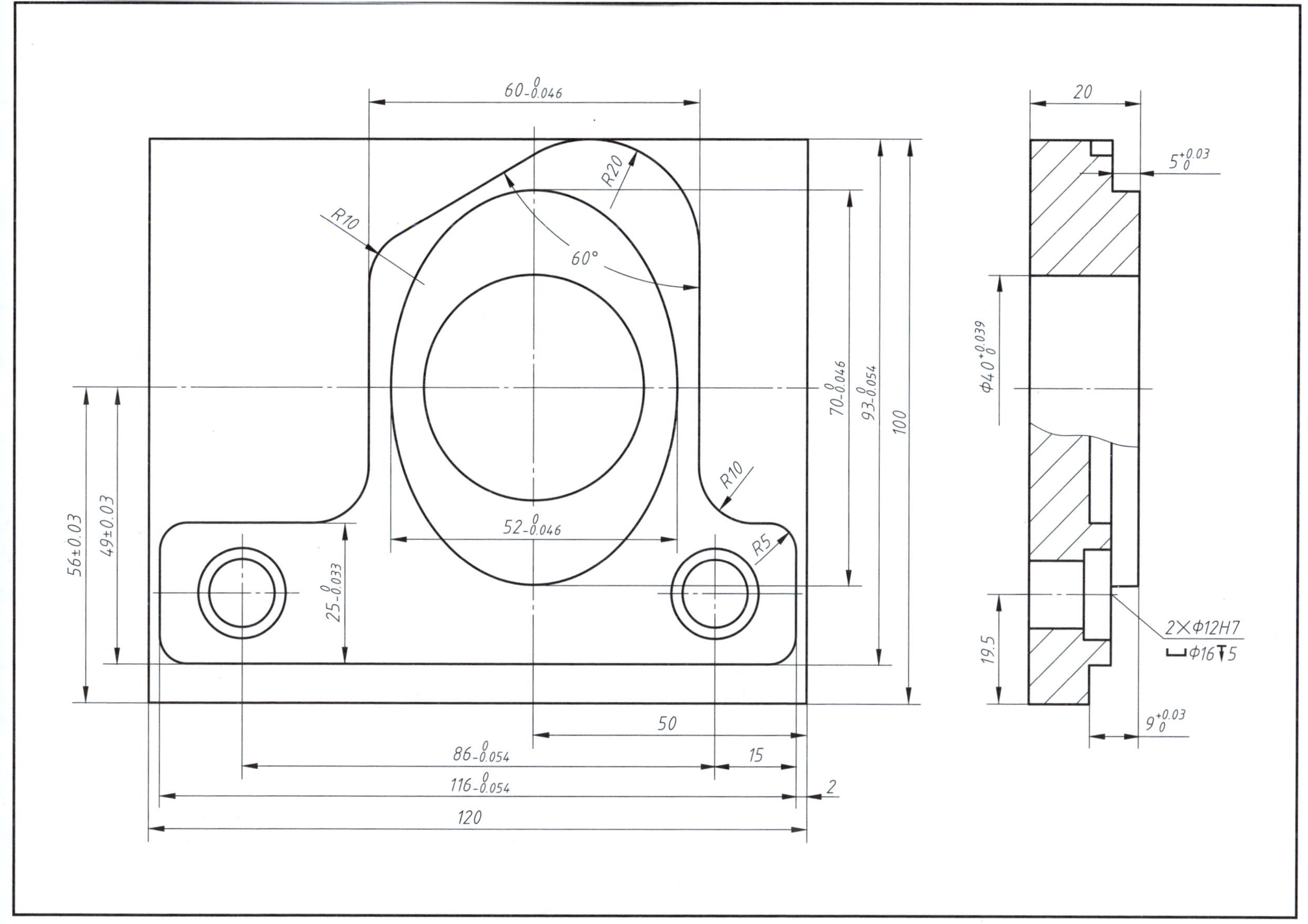